U0214846

河流生态丛书

漂流性鱼卵、仔鱼监测日志系列

珠江肇庆段漂流性鱼卵、仔鱼监测日志（2006）

李新辉　李跃飞　张迎秋　◎　著

科学出版社
北京

内 容 简 介

本书是对农业农村部珠江中下游渔业资源环境科学观测实验站于2006年在珠江肇庆段开展漂流性鱼卵、仔鱼监测工作的总结和整理。通过定点和周年监测的方法，呈现肇庆段漂流性仔鱼补充群体的周年动态变化、群落结构组成、相对多度等。本书是“河流生态丛书”的组成部分，内容丰富，数据翔实。

本书适合鱼类资源保护、水生态修复、水利、水务等相关专业的高校师生、科研工作者及渔政管理人员参考使用。

图书在版编目（CIP）数据

珠江肇庆段漂流性鱼卵、仔鱼监测日志. 2006 / 李新辉，李跃飞，张迎秋著. —北京：科学出版社，2020.9

（河流生态丛书）

ISBN 978-7-03-065984-2

Ⅰ. ①珠… Ⅱ. ①李… ②李… ③张… Ⅲ. ①珠江－产卵（鱼类）－生物监测－肇庆－2006 ②珠江－鱼苗－生物监测－肇庆－2006 Ⅳ. ①S96 ②S922.9

中国版本图书馆CIP数据核字（2020）第163747号

责任编辑：郭勇斌 彭婧煜 / 责任校对：杜子昂
责任印制：张 伟 / 封面设计：黄华斌

科学出版社 出版
北京东黄城根北街16号
邮政编码：100717
http://www.sciencep.com
北京建宏印刷有限公司 印刷
科学出版社发行 各地新华书店经销
*
2020年9月第 一 版 开本：787×1092 1/16
2020年9月第一次印刷 印张：7 1/2
字数：140 000
定价：68.00元
（如有印装质量问题，我社负责调换）

“河流生态丛书”编委会

“漂流性鱼卵、仔鱼监测日志系列”编委会

“河流生态丛书”序

河流是地球的重要组成部分，是生命发生、生物生长的基础。河流的存在，使地球充满生机。河流先于人类存在于地球上，人类的生存和发展，依赖于河流。如华夏文明发源于黄河流域，古埃及文明发源于尼罗河流域，古印度文明发源于恒河流域，古巴比伦文明发源于两河流域。

河流承载生命，其物质基础是水。不同生物物种个体含水量不同，含水量为60%～97%，水是生命活动的根本。人类个体含水量约为65%，淡水是驱动机体活动的基础物质。虽然地球有71%的面积为水所覆盖，总水量为13.86 亿 km^3，但是淡水仅占水资源总量的 2.53%，且其中 87% 的淡水是两极冰盖、高山冰川和永冻地带的冰雪形式。人类真正能够利用的主要是河流水、淡水湖泊水及浅层地下水，仅占地球总水量的0.26%，全球能真正有效利用的淡水资源每年约 9000 km^3。

中国境内的河流，仅流域面积大于1000 km^2的有1500多条，水资源约为2680 km^3/a，相当于全球径流总量的5.8%，居世界第4位，河川的径流总量排世界第 6 位，人均径流量为2530 m^3，约为世界人均的1/4，可见，我国是水资源贫乏国家。这些水资源滋润华夏大地，维系了 14 亿人口的生存繁衍。

生态是指生物在一定的自然环境下生存和发展的状态。当我们闭目遐想，展现在脑海中的生态是风景如画的绿水青山。然而，由于我们的经济社会活动，河流连通被梯级切割而破碎，自然水域被围拦堵塞而疮痍满目，清澈的水质被污染而不可用……然而，我们活在其中似浑然不知，似是麻木，仍然在加剧我们的活动，加剧我们对自然的破坏。

鱼类是水生生态系统中最高端的生物之一，与其他水生生物、水环境相互作用、相互制约，共同维持水生生态系统的动态平衡。但是随着经济社会的发展，人们对河流生态系统的影响愈加严重，鱼类群落遭受严重的环境胁迫。物种灭绝、多样性降低、资源量下降是全球河流生态面临的共同问题。鱼已然如此，人焉能幸免。所幸，我们的社会、我们的国家重视生态问题，提出生态文明的新要求，河流生态有望回归自然，我们的生存环境将逐步改善，人与自然将回归和谐发展，但仍需我们共同努力才能实现。

在生态需要大保护的背景下，我们在思考河流生态的本质是什么?水生生态系统物质间的关系状态是怎样的?我们在水生生态系统保护上能做些什么?在梳理多年研究成果的基础上，有必要将我们的想法、工作向社会汇报，厘清自己在水生生态保护方面的工作方向，更好地为生态保护服务。在这样的背景下，决定结集出版“河流生态丛书”。

“河流生态丛书”依托农业农村部珠江中下游渔业资源环境科学观测实验站、农业农村部珠江流域渔业生态环境监测中心、中国水产科学研究院渔业资源环境多样性保护与利用重点实验室、珠江渔业资源调查与评估创新团队、中国水产科学研究院珠江水产研究所等平台，在学科发展过程中，建立了一支从事水体理化、毒理、浮游生物、底栖生物、鱼类、生物多样性保护等方向研究的工作队伍。团队在揭示河流水质的特征、生物群落的构成、环境压力下食物链的演化等方面开展工作。建立了河流漂流性鱼卵、仔鱼定量监测的“断面控制方法”，解决了量化评估河流鱼类资源量的采样问题；建立了长序列定位监测漂流性鱼类早期资源的观测体系，解决了研究鱼类种群动态的数据源问题；在不同时间尺度下解译河流漂流性仔鱼出现的种类、结构及数量，周年早期资源的变动规律等，搭建了“珠江漂流性鱼卵、仔鱼生态信息库”研究平台，为拥有长序列数据的部门和行业、从事方法学和基础研究的学科提供鱼类资源数据，拓展跨学科研究；在藻类研究方面，也建立了高强度采样、长时间序列的监测分析体系，为揭示河流生态现状与演替扩展了研究空间；在河流鱼类生物多样性保护、鱼类资源恢复与生态修复工程方面也积累了一些基础。这些工作逐渐呈现出了我们团队认识、研究与服务河流生态系统的领域与进展。“河流生态丛书”将侧重渔业资源与生态领域内容，从水生生态系统中的鱼类及其环境间的关系视角上搭建丛书框架。

丛书计划从河流生态系统角度出发，在水域环境特征与变化、食物链结构、食物链与环境之间的关系、河流生态系统存在的问题与解决方法探讨上，陆续出版团队的探索性的研究成果，“河流生态丛书”也将吸收支持本丛书工作的各界人士的研究成果，为生态文明建设贡献智慧。

通过“河流生态丛书”的出版，向读者表述作者对河流生态的理解，如果书作获得读者的共鸣，或有益于读者的思想发展，乃是作者的意外收获。

本丛书内容得到了科技部社会公益研究专项“珠江（西江）漂浮性卵鱼类繁殖状态与资源评估”、国家科技重大专项“水体污染控制与治理”河流主题“东江水系生态系统健康维持的水文、水动力过程调控技术研究与应用示范”项目、农业农村部珠江中下游渔业资源环境科学观测实验站、农业农村部财政项目“珠江重要经济鱼类产卵场及洄游通道调查”、广西壮族自治区自然科学基金委重大项目“西江鱼类优势种群形成机理及利用策略研究”、国家公益性行业（农业）科研专项“珠江及其河口渔业资源评价和增殖养护技术研究与示范”、国家重点研发计划“蓝色粮仓科技创新”等项目的支持。“河流生态丛书”也得到许多志同道合同仁的鞭策、支持和帮助，在此谨表衷心的感谢！

李新辉

2020年3月

“漂流性鱼卵、仔鱼监测日志系列”序

“漂流性鱼卵、仔鱼监测日志系列”按年度编制成册，反映农业农村部珠江中下游渔业资源环境科学观测实验站的日常工作。实验站成立初期，在广东省渔政总队肇庆支队林建志支队长的支持下，在肇庆渔政码头水域设立采样点，于2005年5月17日开始进行漂流性鱼卵、仔鱼试采工作，试采成功之后，将其作为固定监测点周年进行调查采样，迄今已十余载。

在自然状况下，江河中许多鱼类的生活史早期阶段具有漂流发育特点，有的甚至需要300～400 km漂程才能完成生活史。这些漂流发育的鱼卵、仔鱼是江河鱼类资源补充的基础，调查研究其补充动态过程与变化趋势，是鱼类生态学和渔业资源研究的重要内容之一。西江是珠江的干流，多年平均径流量2.3×10^{11} m^3，约占珠江径流总量的68.5%。珠江肇庆段是西江漂流性鱼卵、仔鱼漂流发育必经之地和咽喉要道。在珠江肇庆段设置监测断面，对鱼类早期补充群体进行长期监测，不仅可了解珠江鱼类产卵场的功能，还可掌握进入珠江三角洲的鱼类资源补充状况及演替规律，既可支撑渔业资源养护管理，还可服务于珠江下游及河口地区的水生态安全保障。

本团队经过多年的发展，逐步建立了基于“断面控制方法”的珠江漂流性鱼卵、仔鱼定量监测体系，在珠江主要干支流先后设立了12个监测断面，形成覆盖珠江水系主要河流的鱼卵、仔鱼监测体系，累计采集鱼卵、仔鱼标本约50 000瓶（次），形成“珠江漂流性鱼卵、仔鱼生态信息库”研究平台。以此工作为基础，制定了《河流漂流性鱼卵、仔鱼采样技术规范》（SC/T 9407—2012）、《河流漂流性鱼卵和仔鱼资源评估方法》（SC/T 9427—2016）和《淡水渔业资源调查规范　河流》（SC/T 9429—2019）三项水产行业标准。根据珠江肇庆段多年鱼卵、仔鱼资源量与径流量关系，建立了基于年平均卵苗补充群体密度来判断河流生态系统受外界环境胁迫状况的评价标准：当年平均单位径流量卵苗补充群体资源量＜0.9 ind./m^{3}时，河流生态系统处于脆弱预警状态；在0.9～＜1.8 ind./m^{3}时，河流生态系统处于中等状态；在1.8～＜2.7 ind./m^{3}时，河流生态系统处于良好状态；资源量≥2.7 ind./m^{3}时，河流生态系统处于优等状态。结合我国不同地区淡水资源量和鱼类物种承载量，提出了我国华北、西北、华中和西南地区河流生态系统状态预警的年平均单位径流量卵苗补充群体资源量阈值分别为0.13 ind./m^3、0.05 ind./m^3、0.41 ind./m^{3}和0.38 ind./m^3。

珠江漂流性鱼卵、仔鱼监测工作依托农业农村部珠江中下游渔业资源环境科学观测实验站、中国水产科学研究院珠江渔业资源调查与评估创新团队、中国水产科学研究院珠江流域渔业资源养护与生态修复重点实验室、中国水产科学研究院珠江水产研究所等平台开展，得到科技部社会公益研究专项“珠江（西江）漂浮性卵鱼类繁殖状态与资源评估”、农业农村部珠江中下游渔业资源环境科学观测实验站运转费、国家公益性行业（农业）科研专项“淡水水生生物资源增殖放流及生态修复技术研究”、“珠江及其河口渔业资源评价和增殖养护技术研究与示范”、农业农村部财政项目“珠江重要经济鱼类产卵场及洄游通道调查”、国家重点研发计划“蓝色粮仓科技创新”重点专项等项目的资助；得到农业农村部渔业渔政管理局、科技教育司、计划财务司、长江流域渔政监督管理办公室、珠江流域渔业管理委员会，以及广东省农业农村厅、广西壮族自治区农业农村厅等单位的大力支持；得到珠江流域渔业管理委员会吴壮、刘添荣、邓伟兴、陈楚荣等领导的支持。感谢广东省渔政总队肇庆支队林建志支队长、黎杰容副支队长、植子荣副支队长、苏少芳科长、江志庆、席广津、刘水清、黄湛波等，广东省渔政总队河源支队邓兴福支队长、黄科锋科长、王超科长等，广西壮族自治区梧州市渔业管理部门赵春宝局长、林瑛副局长、陈勇佳支队长、韦智鹏站长、钟纯副站长等，桂平市渔政监督管理站曾凡俊站长、刘创主任等对监测网络建立与运行给予具体的帮助。广西水产科学研究院何安尤主任、韩耀全、施军、王大鹏、李育森等，老渔工彭桂友、杨炳权、黄金洪、叶海其、林寿兴、麦贵才、杨天才等参与了具体监测，为长期定点监测工作的顺利开展提供了基础保障和持续支持。华南师范大学陈湘粦教授、广州市环境科学研究院梁秩燊高级工程师为早期资源种类鉴定提供了技术指导。“漂流性鱼卵、仔鱼监测日志系列”尤其得到中国水产科学研究院珠江水产研究所原所长吴淑勤、原党委书记罗建仁的支持；珠江水产研究所谭细畅、杨计平、朱书礼、武智、潘澎、李捷、帅方敏、陈蔚涛、夏雨果、张迎秋、黄艳飞、刘亚秋，已毕业的研究生李锐、何美峰、戴娟、毕晔、吴茜、李琳、陈方灿、于红亮、徐田振、匡天旭、李策、薛慧敏、黄稻田、张改等参与了书稿相关工作。本系列书的气象数据来源于国家气象科学数据中心网站，水文数据来源于水利部珠江水利委员会及全国水雨情信息网，在此一并致谢！

通过形态学分类方法鉴定仔鱼种类是本系列书的难点，实验站后期采用了分子技术进行补充识别分析，但基于忠实原始数据及历史数据可比的原则，本系列书将分子技术识别的种类及出现时间作为附录，供读者参阅。由于水平有限，书中难免存在疏漏，望读者提出宝贵意见，以便将来进一步完善。

作　者

2020年3月

目　录

第一章 绪 论

一、实验站概况

1. 历程及发展定位

农业农村部珠江中下游渔业资源环境科学观测实验站依托中国水产科学研究院珠江水产研究所，负责珠江中下游至珠江口水域的资源环境调查监测工作，调查水域属于亚热带河流生态系统。实验站自2005年成立开始运行，2008年授牌（农业部珠江中下游渔业资源环境重点野外科学观测试验站），2010年更名为“农业部珠江中下游渔业资源环境科学观测实验站”。现隶属于农业农村部。

珠江是我国径流量第二大河流，中下游水域位于北回归线附近。全球北回归线两侧附近大部分是沙漠地带，珠江流域是仅有的绿洲。在我国众多河流中，珠江是热带亚热带典型河流，生物多样性丰富，是目前水生态系统质量保持相对较好的河流。实验站以珠江中下游为重点监测水域，兼顾珠江主要干支流，以漂流性鱼卵、仔鱼补充群体，鱼类群落、浮游生物及水环境状况为重点监测对象，建立河流生态系统野外观测与科学研究平台。通过长期、定点、系统、高频基础性数据采集与积累，为流域渔业资源的变动规律、资源养护与开发利用、水生态环境修复等研究提供数据支撑，对掌握热带亚热带河流生态系统的演化特征，制定流域生态修复计划，保障地区和流域可持续发展具有重要的科学意义和现实意义。

2. 研究方向

通过鱼类早期资源的连续监测，掌握鱼类早期补充群体的种类、数量、结构及变化趋势，掌握鱼类早期补充群体变化与环境因子之间的关系，研究鱼类在河流生态系统中的功能作用；评估江河鱼类产卵场功能状况，掌握鱼类产卵场位置、规模及其变化趋势，针对梯级开发、水文调控对鱼类产卵场功能影响进行分析，阐明影响鱼类产卵场功能的关键水文要素，指导开展基于鱼类产卵繁殖的生态调查工作；针对鱼卵、仔鱼资源量与产卵场水动力学要素进行分析，研究鱼类产卵场修复技术；研究河流生态系统能量传递与鱼类功能群关系，研究基于鱼类早期补充群体的河流生态系统状态的诊断技术和评价标准；从生态系统服务功能角度研究维持河流生态系统功能的鱼类群落保障需求问题。

二、珠 江 流 域

珠江流域是我国七大流域之一，由西江、北江、东江和珠江三角洲河网组成，经西江干流入海水道注入南海，全长 2214 km。自源头至入海口，依次分为南盘江、红水河、黔江、浔江、西江和西江干流入海水道 6 个河段。其中，南盘江和红水河为上游，黔江、浔江为中游，西江为下游。珠江流域位于北纬 21°31′～26°49′，东经 102°14′～115°53′，流经我国云南、贵州、广西、广东、湖南、江西 6 省（自治区）和越南东北部。流域面积 45.37×10^4 km^2，其中 44.21×10^4 km^2 在中国境内，1.16×10^4 km^2 在越南境内（《中国河湖大典》编纂委员会，2013）。

1. 主要河流水系

西江，发源于云南省曲靖市沾益区马雄山东麓，珠江的干流，在佛山市三水区的思贤滘与北江汇合，进入珠江三角洲河网，长 2075 km，河道平均比降 0.58‰，流域面积 35.31×10^4 km^2，占珠江流域总面积的 77.83%。自上游而下由南盘江、红水河、黔江、浔江及西江等 5 个河段所组成。自源头至贵州望谟县蔗香村双江口为南盘江，长 914 km；双江口至广西象州石龙镇三江口为红水河，长 659 km；石龙镇三江口至桂平市郁江口为黔江，长 122 km，桂平市郁江口至梧州市桂江口为浔江，长 172 km；桂江口至广东佛山市三水区的思贤滘西滘口为西江，长 208 km。流域内集水面积大于 10 000 km^2 的一级支流有北盘江、柳江、郁江、桂江和贺江，流域内分布有抚仙湖、星云湖、阳宗海、杞麓湖、异龙湖等高原湖泊。

北江，珠江流域第二大水系，发源于江西省信丰县油山镇大茅坑，自源头流入广东省南雄市境后称为浈江，在韶关市区与武水汇合后称为北江，至三水思贤滘与珠江干流交汇，由沙湾河道注入狮子洋，经虎门出南海。思贤滘以上北江干流全长 468 km，流经江西信丰，广东南雄、始兴、韶关、英德、清远和佛山等市（县）。河道平均比降 0.26‰，流域面积 4.67×10^4 km^2，占珠江流域总面积的 10.29%。主要的一级支流有武水、南水、滃江、连江、滨江和绥江等。

东江，珠江流域第三大水系，发源于江西省寻乌县桠髻钵山，干流上游称寻乌水，至龙川五合与定南水汇合后称东江，至广东省东莞市石龙镇以下进入东江三角洲，经虎门出南海。石龙以上东江干流全长 520 km，流经江西寻乌、安远，广东龙川、河川、河源、紫金、博罗、惠州和东莞等市（县）。河道平均比降 0.39‰，流域面积 2.71×10^4 km^2，占珠江流域总面积的 5.96%。主要的一级支流有定南水、浰江、新丰江、秋香江和西枝江等。

珠江三角洲，是我国的第二大三角洲。其范围是指西江、北江思贤滘以下，东江石龙以下，以及注入三角洲内的高明河、沙坪河、潭江、流溪河、西福河、增江、茅洲河和深圳河等。流域面积 2.68×10^4 km^2，占珠江流域总面积的 5.91%，其中西江、北江三角洲 8370 km^2，东江三角洲 1380 km^2。三角洲内河网密布，水道纵横。呈现“三江汇集，八口分流”的特点，即汇集西江、北江和东江的河川径流，又分八个出海口门（水道）泄洪纳流，自东向西依次为虎门水道、蕉门水道、洪奇沥水道、横门水道、磨刀门水道、鸡啼门水道、虎跳门水道和崖门水道。

2. 气候与水文

珠江流域地处亚热带气候区，北回归线横贯流域的中部，气候温热多雨。多年平均温度在 14～22℃，多年平均湿度 71%～82%，多年平均日照时数为 1282～2243 h，多年平均风速 0.7～2.9 m/s。降水在空间上呈由东向西递减的特征，多年平均降水量 1470 mm。流域年水资源总量 3385×10^8 m^3。入海河川年径流总量约为 3260×10^8 m^3，其中，西江（马口站）2380×10^8 m^3，占入海河川年径流总量的 73.0%；北江（三水站）395×10^8 m^3，占 12.1%；东江（博罗站）229×10^8 m^3，占 7.0%；珠江三角洲河网 256×10^8 m^3，占 7.9%。

西江流域区域间降水量差别显著，多年平均降水量上游 1100～1300 mm，中游 1500～1800 mm，下游 1600～3000 mm。由于径流主要来自降水，汛期流量占全年的 75%～85%。汛期洪水峰高、量大、历时长。枯水期一般为 10 月至翌年 3 月，仅占全流域年径流量的 15%～25%。北江流域区域间降水量差别不大，但年内分布不均，多年平均降水量 1724 mm，集中在每年 4～9 月，占全年的 70%～85%。东江流域同北江流域相似，汛期 4～9 月降水量占全年的 79.4%。珠江三角洲河网多年平均降水量 1600～300 mm，其中汛期降水量占全年的 81%～85%。珠江口受潮汐影响，其潮汐特征为不规则的半日潮，潮差较小，平均潮差为 0.86～1.6 m，最大潮差为 2.29～3.36 m。

三、珠江鱼类早期资源调查研究历史

鱼类早期资源调查研究是指以江河中早期生活史阶段的鱼卵、仔鱼、稚鱼和幼鱼为调查对象的研究工作，通过该项调查研究可以了解鱼类产卵位置、产卵规模，早期补充群体种类组成、季节变动及群落结构特征，可以推断产卵群体资源量及了解早期补充群体长期演变规律等，是鱼类资源与生态学研究的重要内容之一。

关于珠江鱼类早期资源调查研究，最早可追溯至陈椿寿（1930）发表的了《广东西江鱼苗第一次调查报告》，是我国最早关于江河鱼苗调查的报道，详细记载了捕捞天然鱼苗的工具及操作方法，采捕鱼苗种类及时间等。1933 年，林书颜发表《西江鱼苗调查报告》，记载了产苗量与天气、水温、流速等的关系，列举了西江鱼苗种类名录。1935 年陈椿寿、林书颜的《中国鱼苗志》对西江鱼苗的出处，即产卵场进行了简单的阐述。1981～1983 年，中国水产科学研究院珠江水产研究所组织相关高校及科研院所等对珠江水系渔业资源状况进行了系统调查，初步查明了西江流域主要经济鱼类产卵场位置，并对红水河、黔江、大藤峡、东塔及柳江的产卵场规模、鱼苗种类进行了初步的调查（陆奎贤，1990）。梁秩燊等（1985）在《西江常见鱼类早期发育的分类鉴定及其产卵类型》中描述西江 49 种鱼类早期发育特征，并对其鉴定依据进行了整理。梁正芳等（2002）在对武江、浈江和韶关市北江段的鱼类产卵场位置、种类及规模进行了报道。

中国水产科学研究院珠江水产研究所自2005年开始在珠江肇庆段开展基于漂流性鱼卵、仔鱼的周年动态监测工作，建立了“断面控制方法”监测体系。基于多年的调查经验和研究成果，制定了《河流漂流性鱼卵、仔鱼采样技术规范》（SC/T 9407—2012）和《河流漂流性鱼卵和仔鱼资源评估方法》（SC/T 9427—2016）两项水产行业标准，为江河鱼类早期资源调查监测和量化评估建立了标准与规范。之后，逐步在珠江主要干支流增设了 10 余个监测断面。截至目前共采集鱼卵、仔鱼样品超 50 000 瓶（次），每年新增约 4000 瓶（次）入库，建立了“珠江漂流性鱼卵、仔鱼生态信息库”，成为珠江中下游鱼类资源研究的重要平台，该平台已经在鱼类产卵场功能评价、鱼类早期补充群体动态特征、鱼类资源演变趋势、禁渔期效果评估、水文生态调度、涉水工程影响评价等领域发挥了重要的作用，为珠江流域渔业资源养护与生态修复提供了重要支撑。

四、珠江肇庆段鱼类早期资源监测

1. 监测位点

珠江鱼类的产卵场主要分布于广西的红水河、黔江、柳江和郁江等江段，但是由于水利梯级开发，支流许多产卵场丧失功能，仅干流红水河下游至西江以及柳江下游还存在小规模的鱼类产卵场。珠江肇庆段位于西江下游，是珠江漂流性鱼卵、仔鱼向下游育肥场扩散的必经之地，在珠江肇庆段设立固定监测点可采集到上游约 400 km 内（即来自黔江、浔江和西江）的漂流性鱼卵、仔鱼，监测结果可反映珠江中下游鱼类早期补充群体动态变化特征及资源状况。

采样点选择在靠近主流一侧，河床相对平直，水流平缓、速度在 0.3～0.5 m/s、流态稳定的区域。具体位于肇庆市区肇庆渔政码头上游约 50 m 处（北纬 23°2′40″，东经 112°27′5″），距河岸 10～15 m，水深 2～5 m。

2. 样品采集与保存

采样用定置弶网进行，网口为 1.5 m×1 m 的矩形，网长 5～6 m，呈四棱锥形，后部与集苗箱相连。集苗箱长 80 cm，宽 40 cm，高 40 cm。网身网目 500 μm，集苗箱网目 300 μm。采样时，网口逆水流方向，保证网口与水流方向垂直，网口完全沉入水下，每次采集持续时间 2 h。每天分别于早上、中午和傍晚采样 3 次。由于鱼类的产卵繁殖具有很大的不确定性，因此，调查采样以定点连续周年采样的方式进行，至少需包含整个鱼类繁殖期。

每次采样结束后，将集苗箱中的鱼卵、仔鱼用 5%的福尔马林溶液或 95%的乙醇固定保存，记录采样日期、时段、固定液等信息之后带回实验室进行种类鉴定分析。

3. 种类鉴定

福尔马林固定保存的样本利用体视镜通过形态特征鉴定至最小分类单元。鉴定依据通常为体型、头型、个体大小、眼径、听囊、肌节分布、色素性状等。根据鱼卵发育阶段估算发育时长，初步估算产卵场位置。

乙醇固定样本，利用 DNA 条形码技术进行种类鉴定。DNA 条形码是目前流行的种类分子鉴定方法，工作流程主要包括提取待测样品总 DNA、用通用型引物扩增靶标 COI

基因序列、电泳检测、序列测定，将得到的序列与数据库已有物种信息进行相似性比对，从而确定仔鱼个体的种类。

4. 鱼卵、仔鱼资源量估算

各种类仔鱼总量及其相对多度的估算根据《河流漂流性鱼卵和仔鱼资源评估方法》（SC/T 9427—2016）中的方法进行。

一次采集时间内流经采样点断面的鱼卵和仔鱼资源量，按公式（1）计算：

$$M_t = \frac{C \times m \times q}{S \times V} \quad (1)$$

式中，M_t——采集时间内流经采样点断面的鱼卵或仔鱼总量，单位为 ind.；

C——采样点的鱼卵或仔鱼断面分布系数；

m——采集时间内采集到的鱼卵或仔鱼数量，单位为 ind.；

q——采集时间内采样点所在断面的平均径流量，单位为 m^3/s；

S——采样网具的网口面积，单位为 m^2；

V——采样时间内流经网口的平均水流速度，单位为 m/s。

根据一天多次监测结果，计算一天内流经采样点断面的鱼卵和仔鱼资源量，计算公式如下：

$$M_i = \frac{\sum_{t=1}^{n} M_t}{t_i} \times 24 \quad (2)$$

式中，M_i——第 i 天流经采样点断面的鱼卵或仔鱼资源量，单位为 ind.；

M_t——第 i 天中第 t 次采集时间内流经采样点断面的鱼卵或仔鱼资源量，单位为 ind.；

n——第 i 天内的采样次数；

t_i——第 i 天各次鱼卵或仔鱼样品采集的累积时长，单位为 h。

根据每个月多天监测结果，估算当月流经监测断面的鱼卵、仔鱼总量，计算公式如下：

$$T_M = (\sum_{i=1}^{j} M_i) / j \times n \quad (3)$$

式中，T_M——监测当月鱼卵或仔鱼总量，单位为 ind.；

M_i——监测当月第 i 天鱼卵或仔鱼总量，单位为 ind.；

j——监测当月采样天数；

n——当月的实际天数。

全年各月鱼卵、仔鱼总量累加获得全年流经珠江肇庆段的鱼卵、仔鱼总量。全年每种（类）鱼卵、仔鱼总量除以全年鱼卵、仔鱼总量获得当年每种（类）的相对多度。

第二章　2006 年珠江肇庆段鱼类早期资源总体状况

一、早期补充群体周年动态与群落结构

2006 年实验站共完成了 126 天的监测样品分析，其中 4 天未采集到鱼卵、仔鱼。共鉴定分析仔鱼 15 027 尾，主要可划为 20 个类群，包括 9 个种、3 个属、3 个科（亚科）、4 个形态近似类群，以及其他鱼类。2006 年珠江肇庆段早期补充群体周年变化情况如图 2-1 所示，高峰期在 6～8 月，占全年早期补充群体总量的 81.3%。补充群体中以赤眼鳟（*Squaliobarbus curriculus*）、广东鲂（*Megalobrama terminalis*）、鲴属（*Xenocypris*）、鲮（*Cirrhinus molitorella*）和鰵类为主，占补充群体总量的 84.2%（图 2-2）。

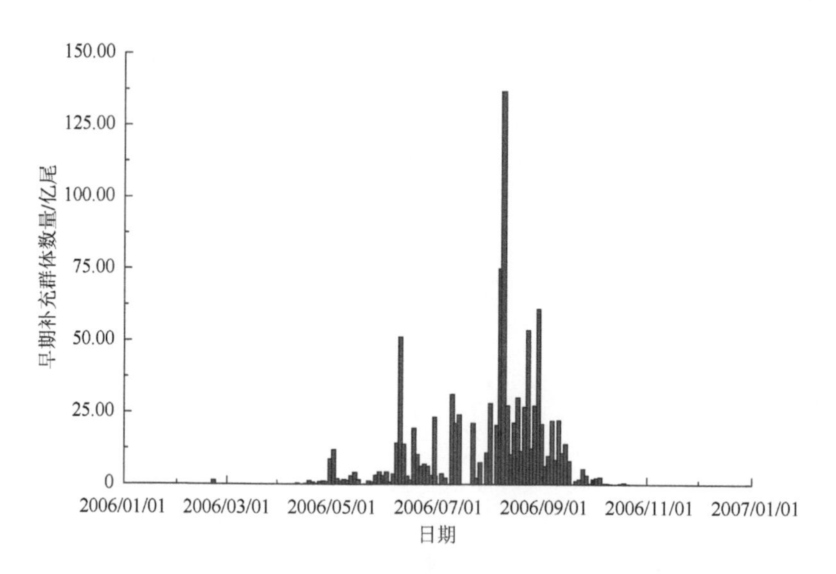

图 2-1　2006 年珠江肇庆段早期补充群体周年变化情况

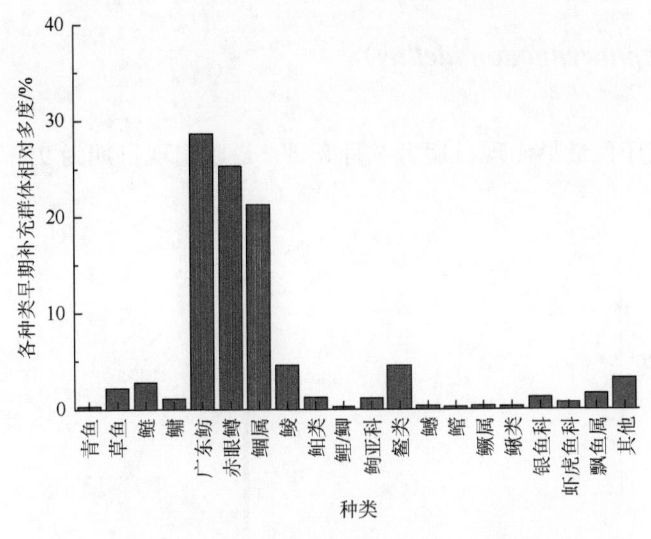

图 2-2　2006 年珠江肇庆段各种类早期补充群体相对多度

二、主要早期补充群体数量时间动态特征

1. 青鱼（*Mylopharyngodon piceus*）

2006 年青鱼仔鱼最早出现日期为 6 月 7 日，最晚出现日期为 8 月 18 日，持续期 73 天（图 2-3）。

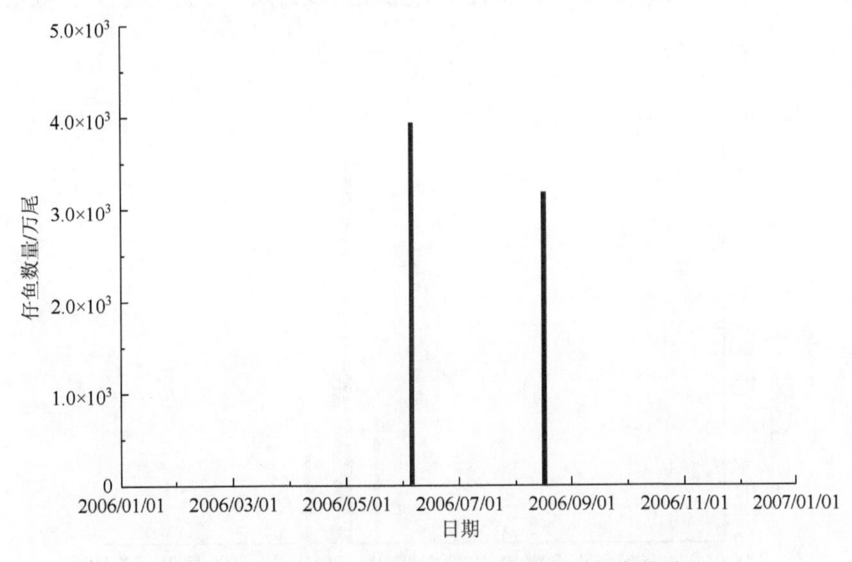

图 2-3　2006 年珠江肇庆段青鱼仔鱼数量周年变化情况

2. 草鱼（*Ctenopharyngodon idellus*）

2006 年草鱼仔鱼最早出现日期为 5 月 8 日，最晚出现日期为 9 月 25 日，持续期 141 天（图 2-4）。

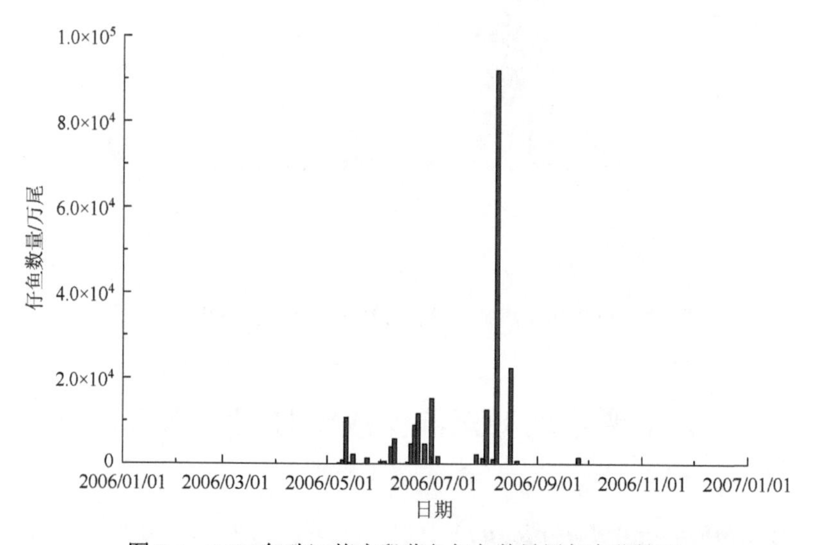

图 2-4　2006 年珠江肇庆段草鱼仔鱼数量周年变化情况

3. 鲢（*Hypophthalmichthys molitrix*）

2006 年鲢仔鱼最早出现日期为 5 月 10 日，最晚出现日期为 9 月 17 日，持续期 131 天（图 2-5）。

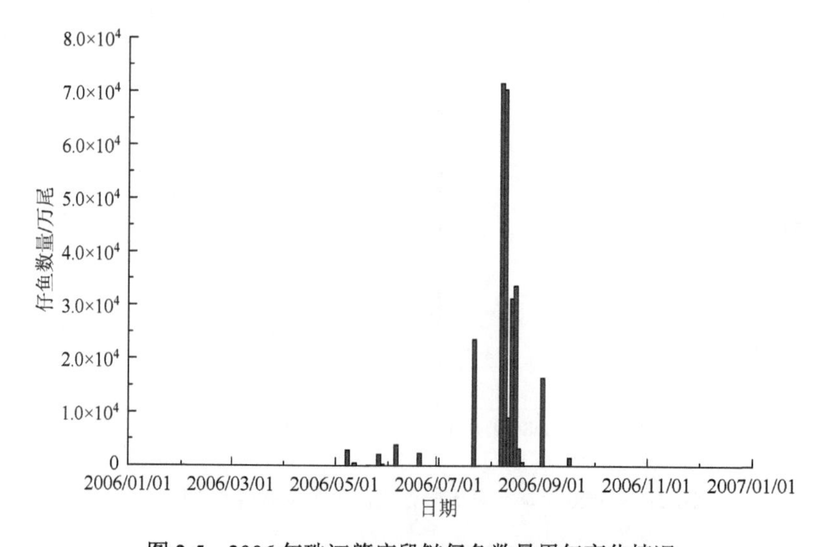

图 2-5　2006 年珠江肇庆段鲢仔鱼数量周年变化情况

4. 鳙（*Aristichthys nobilis*）

2006 年鳙仔鱼最早出现日期为 5 月 8 日，最晚出现日期为 10 月 7 日，持续期 153 天（图 2-6）。

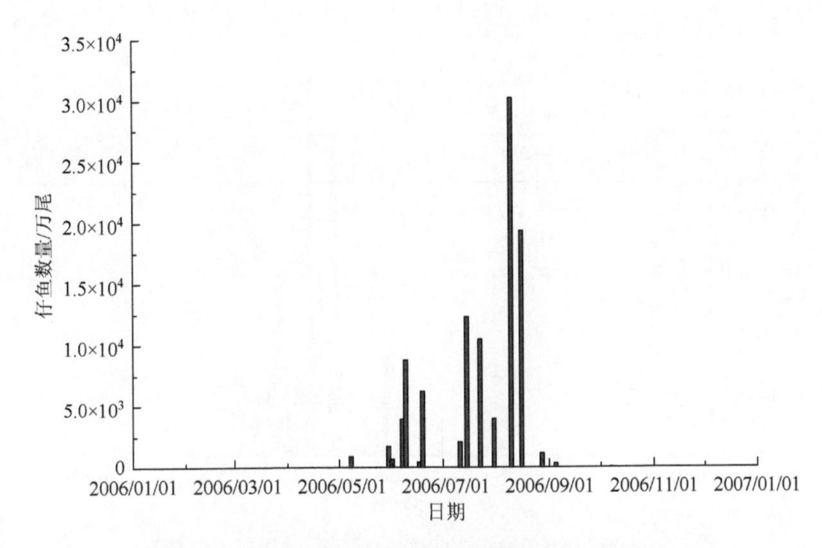

图 2-6　2006 年珠江肇庆段鳙仔鱼数量周年变化情况

5. 广东鲂（*Megalobrama terminalis*）

2006 年广东鲂仔鱼最早出现日期为 3 月 31 日，最晚出现日期为 10 月 21 日，持续期 205 天（图 2-7）。

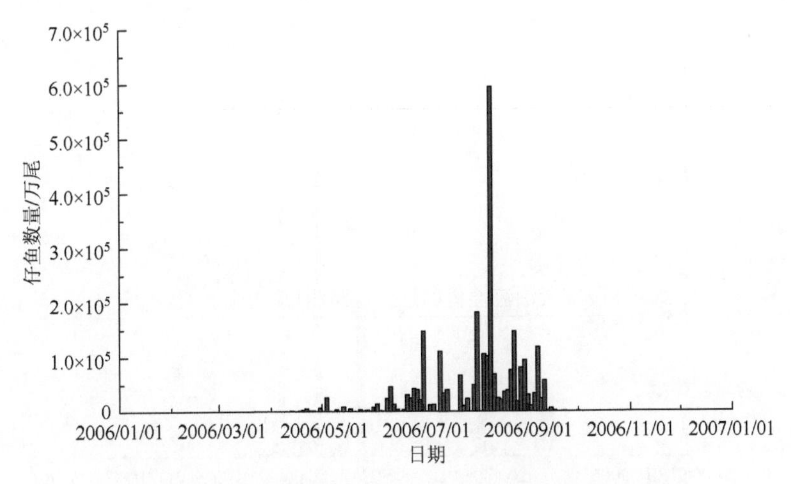

图 2-7　2006 年珠江肇庆段广东鲂仔鱼数量周年变化情况

6. 赤眼鳟（*Squaliobarbus curriculus*）

2006 年赤眼鳟仔鱼最早出现日期为 4 月 7 日，最晚出现日期为 11 月 20 日，持续期 228 天（图 2-8）。

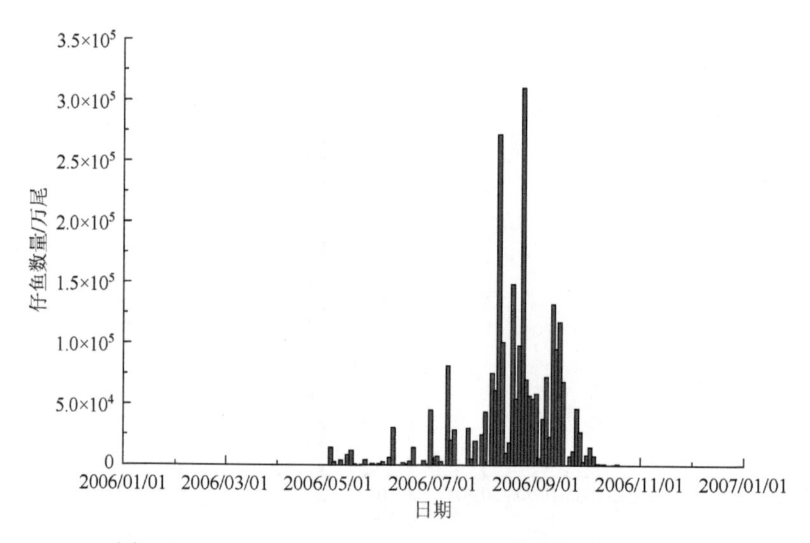

图 2-8　2006 年珠江肇庆段赤眼鳟仔鱼数量周年变化情况

7. 鲴属（*Xenocypris*）

鲴属仔鱼主要包括黄尾鲴（*Xenocypris davidi*）和银鲴（*Xenocypris argentea*）2 种，2006 年鲴属仔鱼最早出现日期为 3 月 31 日，最晚出现日期为 10 月 7 日，持续期 191 天（图 2-9）。

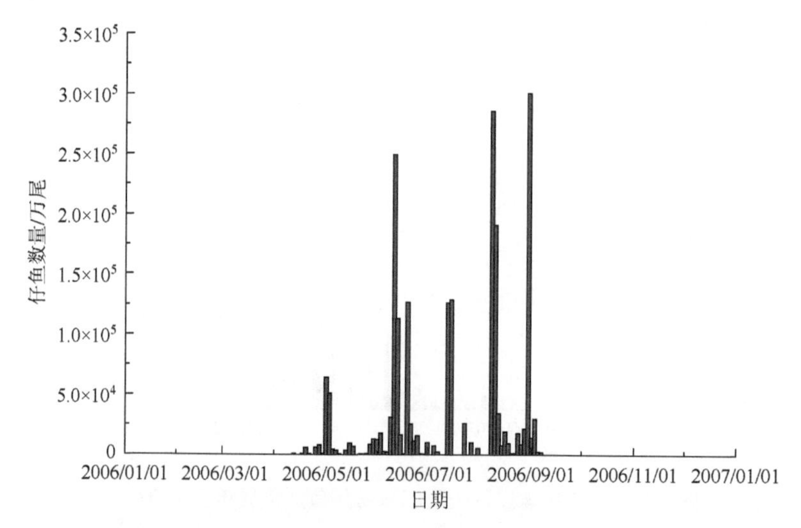

图 2-9　2006 年珠江肇庆段鲴属仔鱼数量周年变化情况

8. 鲮（*Cirrhinus molitorella*）

2006年鲮仔鱼最早出现日期为5月2日，最晚出现日期9月3日，持续期125天（图2-10）。

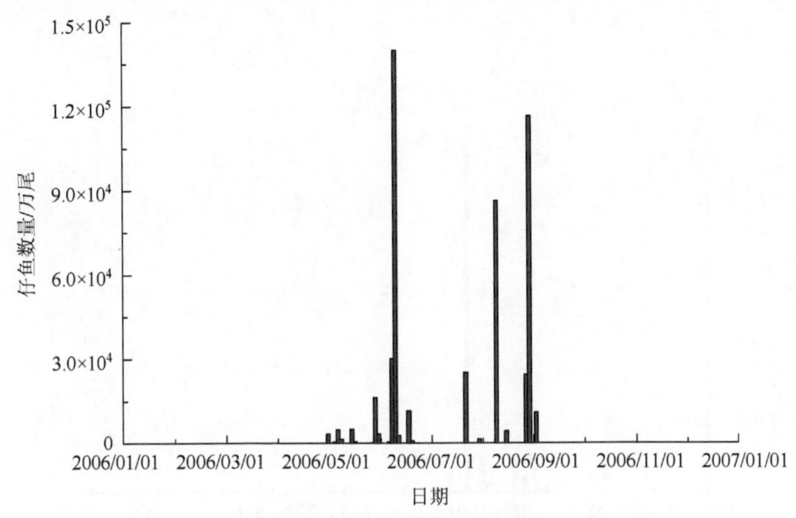

图2-10　2006年珠江肇庆段鲮仔鱼数量周年变化情况

9. 鲌类

该类群主要包括海南鲌（*Culter recurviceps*）、翘嘴鲌（*Culter alburnus*）、蒙古鲌（*Culter mongolicus mongolicus*）、红鳍原鲌（*Cultrichthys erythropterus*）、大眼近红鲌（*Ancherythroculter lini*）等早期形态特征较为近似的种类。2006年鲌类仔鱼最早出现日期为5月24日，最晚出现日期为9月29日，持续期129天（图2-11）。

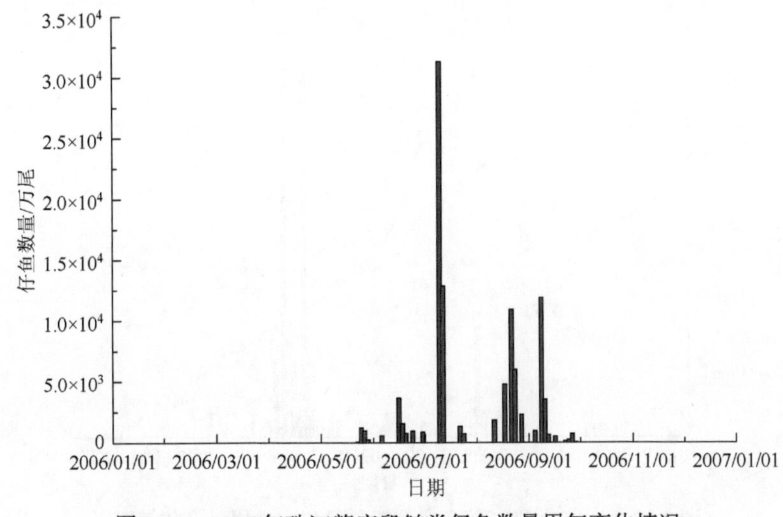

图2-11　2006年珠江肇庆段鲌类仔鱼数量周年变化情况

10. 鲤（*Cyprinus carpio*）/鲫（*Carassius auratus auratus*）

2006 年鲤/鲫仔鱼最早出现日期为 3 月 31 日，最晚出现日期为 5 月 22 日，持续期 53 天（图 2-12）。

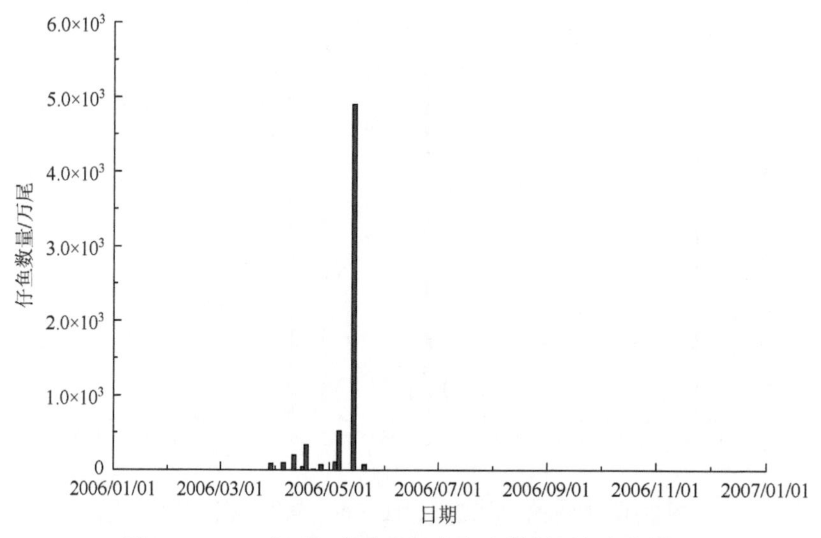

图 2-12　2006 年珠江肇庆段鲤/鲫仔鱼数量周年变化情况

11. 鮈亚科（Gobioninae）

鮈亚科仔鱼主要包括银鮈（*Squalidus argentatus*）、麦穗鱼（*Pseudorasbora parva*）、棒花鱼（*Abbottina rivularis*）等。2006 年鮈亚科仔鱼最早出现日期为 4 月 7 日，最晚出现日期为 10 月 17 日，持续期 194 天（图 2-13）。

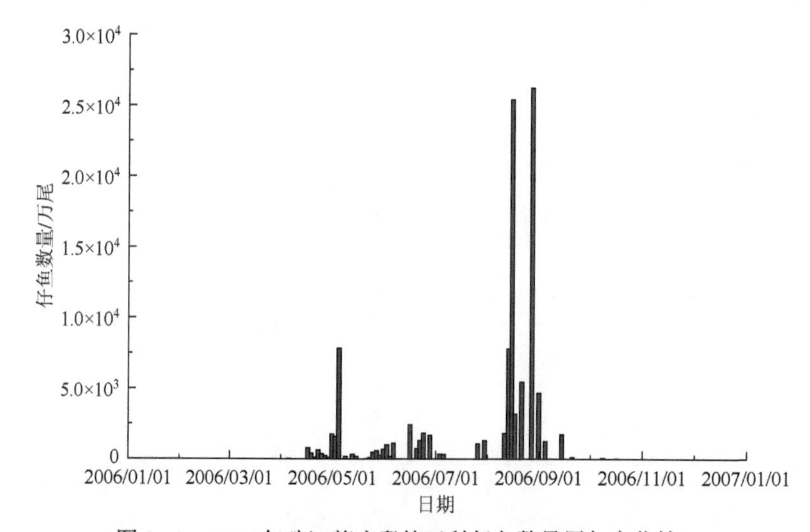

图 2-13　2006 年珠江肇庆段鮈亚科仔鱼数量周年变化情况

12. 𩷶类

该类群主要包括𩷶（*Hemicculter leuciclus*）、南方拟𩷶（*Pseudohemiculter dispar*）、海南似鲚（*Toxabramis houdemeri*）和伍氏半𩷶（*Hemiculterella wui*）等。2006年𩷶类仔鱼最早出现日期为4月20日，最晚出现日期为10月15日，持续期179天（图2-14）。

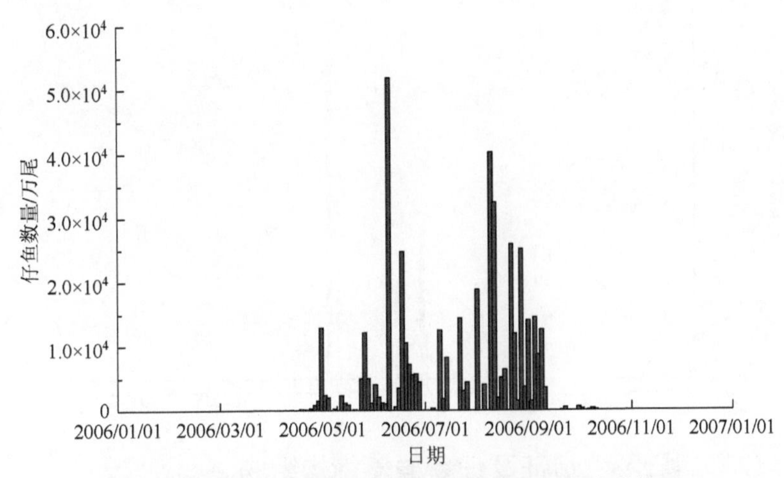

图2-14　2006年珠江肇庆段𩷶类仔鱼数量周年变化情况

13. 鳡（*Elopichthys bambusa*）

2006年鳡仔鱼最早出现日期为4月18日，最晚出现日期为7月31日，持续期105天（图2-15）。

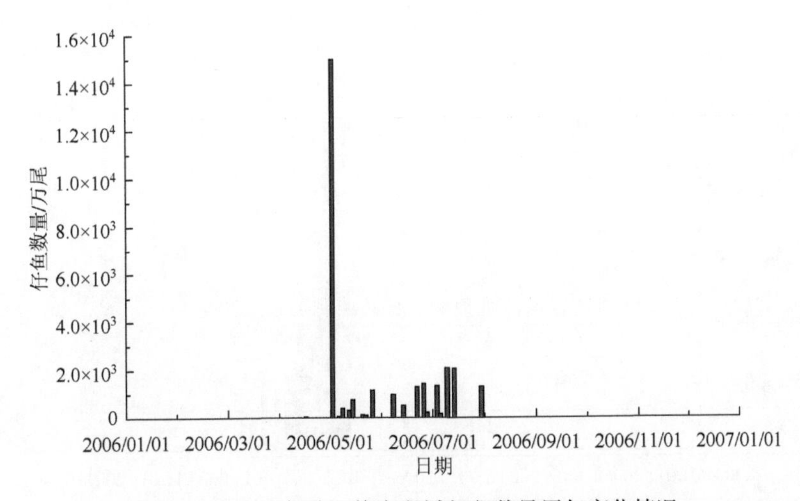

图2-15　2006年珠江肇庆段鳡仔鱼数量周年变化情况

14. 鳤（*Ochetobius elongatus*）

2006 年鳤仔鱼最早出现日期为 5 月 8 日，最晚出现日期为 8 月 2 日，持续期 87 天（图 2-16）。

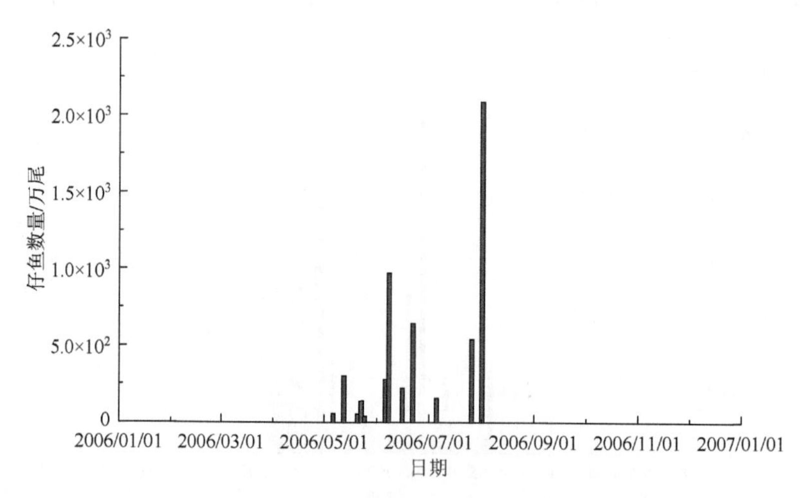

图 2-16　2006 年珠江肇庆段鳤仔鱼数量周年变化情况

15. 鳜属（*Siniperca*）

鳜属仔鱼主要应包括大眼鳜（*Siniperca knerii*）和斑鳜（*Siniperca scherzeri*）2 种。2006 年鳜属仔鱼最早出现日期为 4 月 7 日，最晚出现日期为 9 月 15 日，持续期 162 天（图 2-17）。

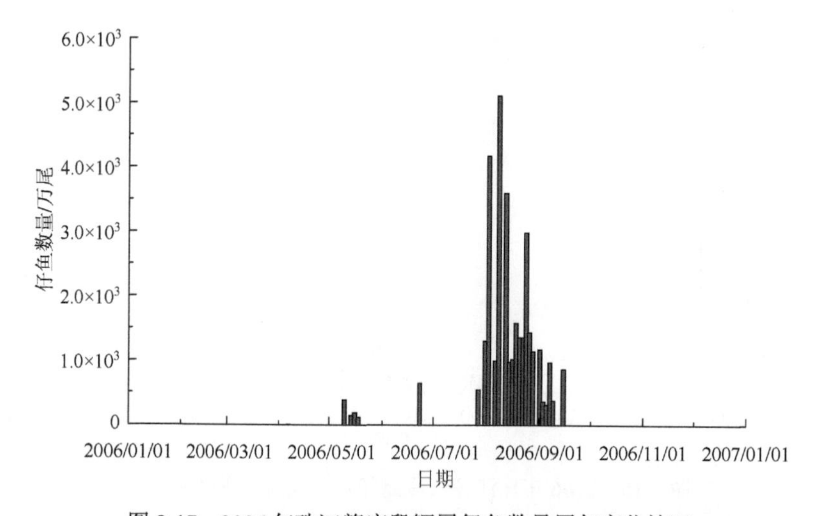

图 2-17　2006 年珠江肇庆段鳜属仔鱼数量周年变化情况

16. 鳅类

鳅类仔鱼主要为壮体沙鳅（*Botia robusta*），可能还包括美丽沙鳅（*Botia pulchra*）等。2006 年鳅类仔鱼最早出现日期为 5 月 8 日，最晚出现日期为 9 月 3 日，持续期 119 天（图 2-18）。

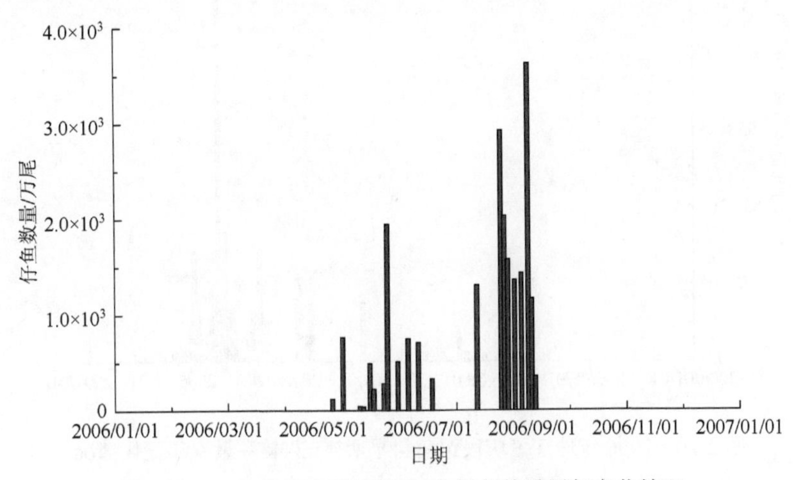

图 2-18　2006 年珠江肇庆段鳅类仔鱼数量周年变化情况

17. 银鱼科（Salangidae）

银鱼科早期补充群体主要可能为短吻新银鱼（*Neosalanx brevirostris*）、白肌银鱼（*Salanx chinensis*）和太湖新银鱼（*Neosalanx taihuensis*）。2006 年银鱼科早期补充群体出现时期为 5 月之前和 10 月之后（图 2-19）。

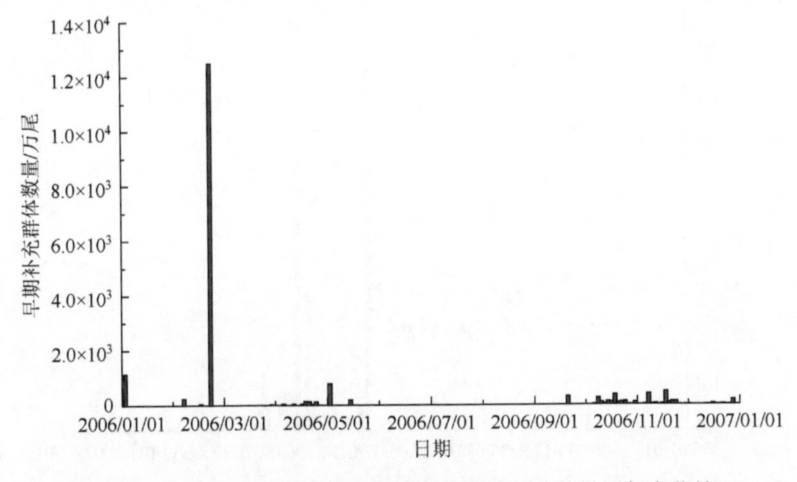

图 2-19　2006 年珠江肇庆段银鱼科早期补充群体数量周年变化情况

18. 虾虎鱼科（Gobiidae）

虾虎鱼科早期补充群体主要出现在4～11月，其中9月和10月资源量最高(图2-20)。

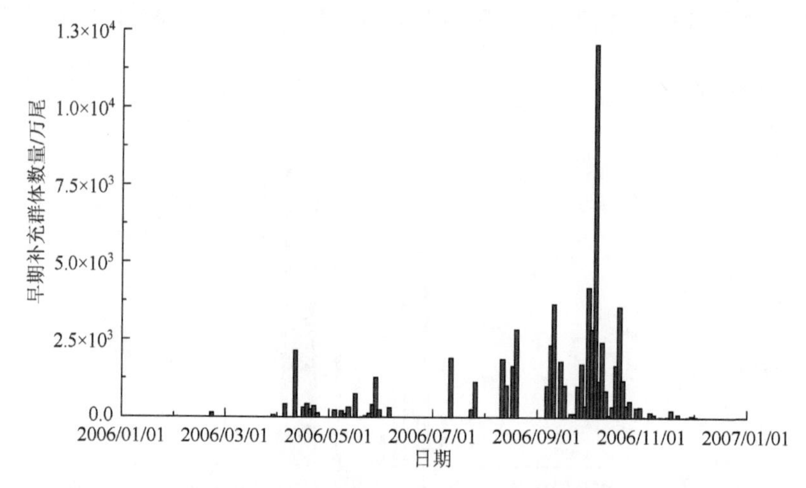

图 2-20　2006 年珠江肇庆段银鱼科早期补充群体数量周年变化情况

19. 飘鱼属（*Pseudolaubuca*）

飘鱼属仔鱼主要为银飘鱼（*Pseudolaubuca sinensis*）和寡鳞飘鱼（*Pseudolaubuca engraulis*）2 种。2006 年飘鱼属仔鱼最早出现日期为 5 月 12 日，最晚出现日期为 11 月 10 日，持续期 183 天（图 2-21）。

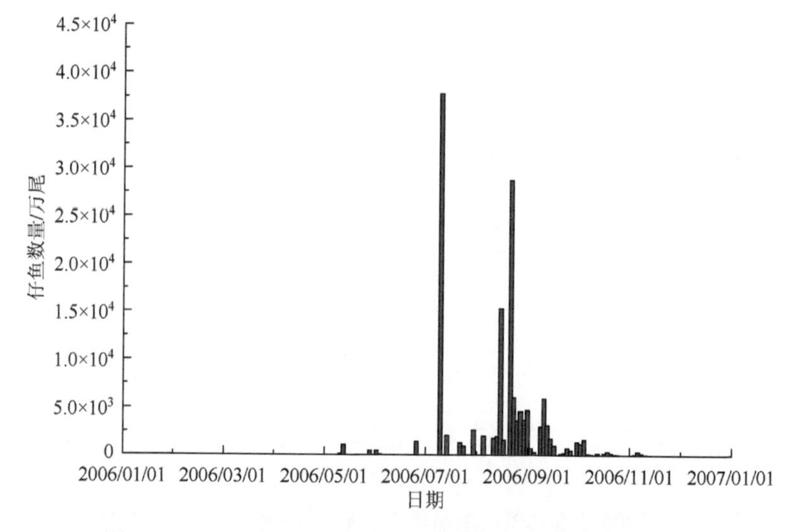

图 2-21　2006 年珠江肇庆段飘鱼属仔鱼数量周年变化情况

20. 其他鱼类

其他鱼类包括发育期较早无法识别的种类和一些数量极少的类群，仔鱼数量周年变化情况见图2-22。

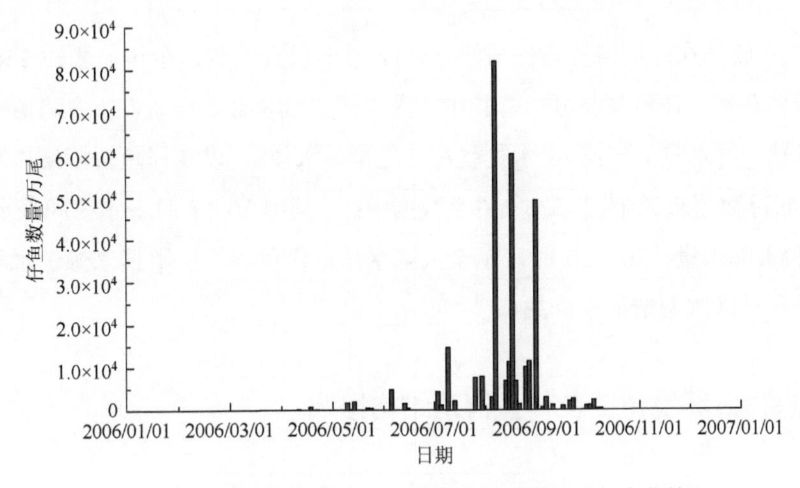

图2-22 2006年珠江肇庆段其他鱼类仔鱼数量周年变化情况

第三章　2006年监测日期环境特征及仔鱼群落结构组成

2006年实验站在珠江肇庆段完成了1～12月的调查监测，全年监测约250天，完成了126天的鱼卵、仔鱼样品分析，其中4天未采集到鱼卵、仔鱼。本章将监测各天天气状况（风速、降水量、气温）、水文状况（流量、水位），以及仔鱼群落结构组成进行汇总。天气状况数据来源于国家气象科学数据中心，其中20～8时表示夜间降水量，8～20时表示白天降水量，20～20时表示全天降水量；流量和水位数据来源于水利部珠江水利委员会和全国水雨情信息网站。

1. 2006年1月3日环境特征及仔鱼群落结构组成

2006年1月3日天气和水文状况见表3-1。当天采集到两种（类）仔鱼，鉴定为银鱼科和虾虎鱼科（图3-1）。

表3-1　2006年1月3日天气和水文状况

平均风速/(m/s)	最大风速/(m/s)	20～8时降水量/mm	8～20时降水量/mm	20～20时累计降水量/mm
1.7	3.7	0.0	0.0	0.0
平均气温/℃	日最高气温/℃	日最低气温/℃	流量/(m^3/s)	水位/m
18.5	20.6	16.2	1490	0.78

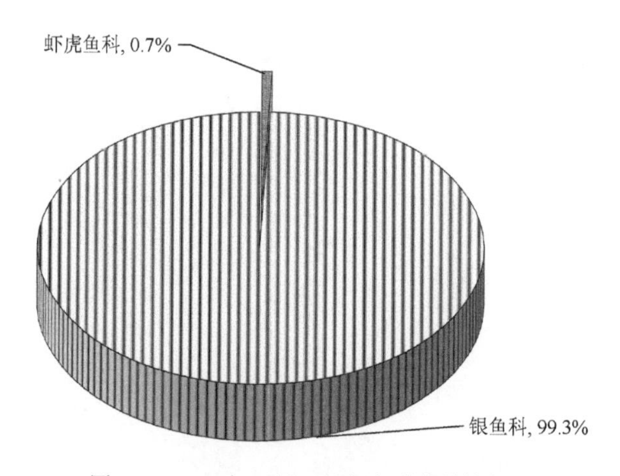

图3-1　2006年1月3日仔鱼群落结构组成

2. 2006年2月7日环境特征及仔鱼群落结构组成

2006 年 2 月 7 日天气和水文状况见表 3-2。当天采集到两种（类）仔鱼，鉴定为银鱼科和虾虎鱼科（图 3-2）。

表 3-2　2006 年 2 月 7 日天气和水文状况

平均风速/(m/s)	最大风速/(m/s)	20～8 时降水量/mm	8～20 时降水量/mm	20～20 时累计降水量/mm
2.0	5.5	0.0	0.0	0.0
平均气温/℃	日最高气温/℃	日最低气温/℃	流量/(m^3/s)	水位/m
20.0	24.2	16.4	1060	–0.24

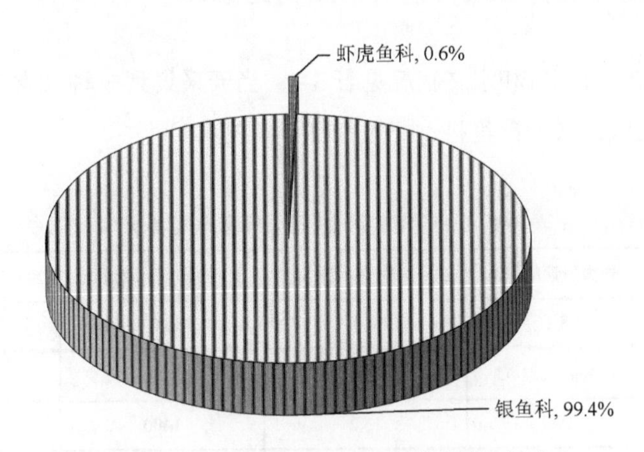

图 3-2　2006 年 2 月 7 日仔鱼群落结构组成

3. 2006年2月17日环境特征及仔鱼群落结构组成

2006 年 2 月 17 日天气和水文状况见表 3-3。当天采集到两种（类）仔鱼，鉴定为银鱼科和虾虎鱼科（图 3-3）。

表 3-3　2006 年 2 月 17 日天气和水文状况

平均风速/(m/s)	最大风速/(m/s)	20～8 时降水量/mm	8～20 时降水量/mm	20～20 时累计降水量/mm
6.6	9.4	0.0	—	—
平均气温/℃	日最高气温/℃	日最低气温/℃	流量/(m^3/s)	水位/m
14.7	17.2	13.6	1050	0.19

注：—表示微量

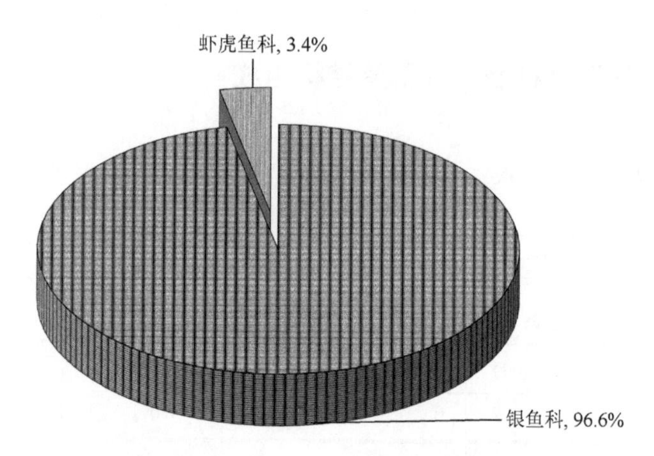

图 3-3　2006 年 2 月 17 日仔鱼群落结构组成

4. 2006年2月23日环境特征及仔鱼群落结构组成

2006 年 2 月 23 日天气和水文状况见表 3-4。当天采集到 3 种（类）仔鱼，主要种类相对多度由高至低依次为银鱼科、虾虎鱼科等（图 3-4）。

表 3-4　2006 年 2 月 23 日天气和水文状况

平均风速/(m/s)	最大风速/(m/s)	20～8 时降水量/mm	8～20 时降水量/mm	20～20 时累计降水量/mm
3.7	8.1	0.0	0.0	0.0
平均气温/℃	日最高气温/℃	日最低气温/℃	流量/(m^3/s)	水位/m
16.7	19.7	15.2	1400	−0.26

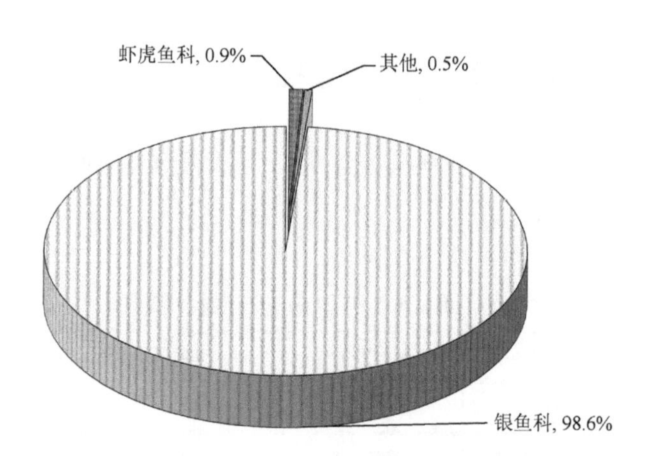

图 3-4　2006 年 2 月 23 日仔鱼群落结构组成

5. 2006年3月31日环境特征及仔鱼群落结构组成

2006 年 3 月 31 日天气和水文状况见表 3-5。当天采集到 5 种（类）仔鱼，相对多度由高至低依次为鲤/鲫、虾虎鱼科、鲴属、银鱼科和广东鲂（图 3-5）。

表 3-5　2006 年 3 月 31 日天气和水文状况

平均风速/(m/s)	最大风速/(m/s)	20～8 时降水量/mm	8～20 时降水量/mm	20～20 时累计降水量/mm
1.6	3.6	15.5	0.1	15.6
平均气温/℃	日最高气温/℃	日最低气温/℃	流量/(m³/s)	水位/m
20.2	21.8	19.0	2960	0.72

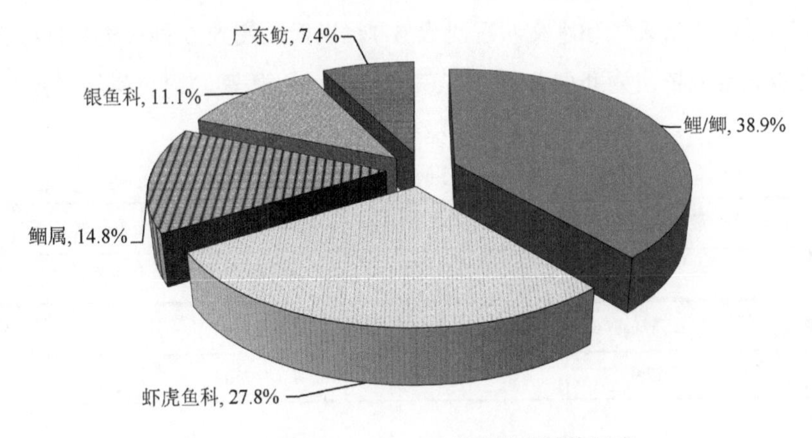

图 3-5　2006 年 3 月 31 日仔鱼群落结构组成

6. 2006年4月7日环境特征及仔鱼群落结构组成

2006 年 4 月 7 日天气和水文状况见表 3-6。当天采集到 7 种（类）仔鱼，相对多度由高至低依次为虾虎鱼科、鲴属、鲤/鲫、银鱼科、赤眼鳟、鮈亚科、鳜属（图 3-6）。

表 3-6　2006 年 4 月 7 日天气和水文状况

平均风速/(m/s)	最大风速/(m/s)	20～8 时降水量/mm	8～20 时降水量/mm	20～20 时累计降水量/mm
3.2	8.0	0.1	4.4	4.5
平均气温/℃	日最高气温/℃	日最低气温/℃	流量/(m³/s)	水位/m
20.2	23.3	18.5	2800	0.14

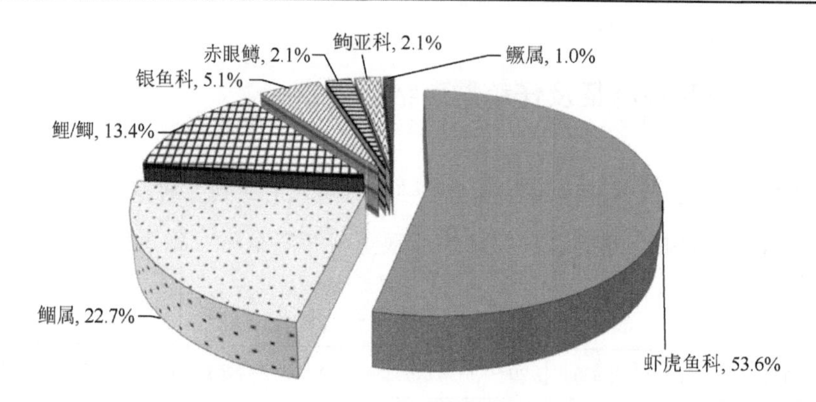

图 3-6　2006 年 4 月 7 日仔鱼群落结构组成

7. 2006年4月13日环境特征及仔鱼群落结构组成

2006 年 4 月 13 日天气和水文状况见表 3-7。当天采集到 6 种（类）仔鱼，主要种类相对多度由高至低依次为虾虎鱼科、广东鲂、鲴属、鲤/鲫、银鱼科等（图 3-7）。

表 3-7　2006 年 4 月 13 日天气和水文状况

平均风速/(m/s)	最大风速/(m/s)	20～8 时降水量/mm	8～20 时降水量/mm	20～20 时累计降水量/mm
4.8	8.8	—	—	—
平均气温/℃	日最高气温/℃	日最低气温/℃	流量/(m^3/s)	水位/m
18.2	27.9	15.0	3790	0.71

注：—表示微量

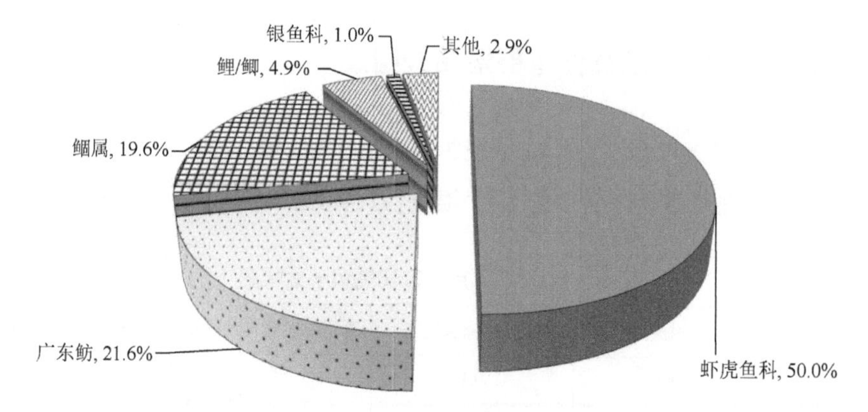

图 3-7　2006 年 4 月 13 日仔鱼群落结构组成

8. 2006年4月18日环境特征及仔鱼群落结构组成

2006 年 4 月 18 日天气和水文状况见表 3-8。当天采集到 7 种（类）仔鱼，相对多度由高至低依次为鲴属、广东鲂、鮈亚科、虾虎鱼科、鲤/鲫、银鱼科、鳡（图 3-8）。

表 3-8　2006 年 4 月 18 日天气和水文状况

平均风速/(m/s)	最大风速/(m/s)	20～8 时降水量/mm	8～20 时降水量/mm	20～20 时累计降水量/mm
1.7	3.6	—	0.0	—
平均气温/℃	日最高气温/℃	日最低气温/℃	流量/(m^3/s)	水位/m
22.8	26.4	19.9	3700	0.57

注：—表示微量

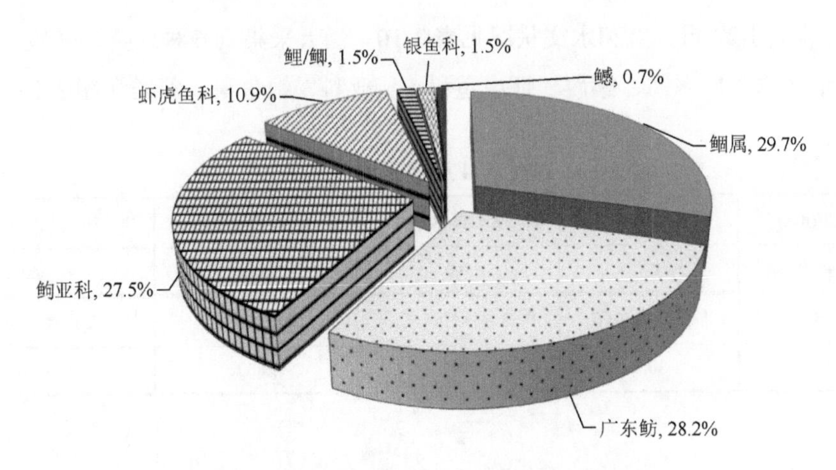

图 3-8　2006 年 4 月 18 日仔鱼群落结构组成

9. 2006年4月20日环境特征及仔鱼群落结构组成

2006 年 4 月 20 日天气和水文状况见表 3-9。当天采集到 8 种（类）仔鱼，主要种类相对多度由高至低依次为鲴属、广东鲂、鮈亚科、虾虎鱼科、鲤/鲫、鳘类、银鱼科等（图 3-9）。

表 3-9　2006 年 4 月 20 日天气和水文状况

平均风速/(m/s)	最大风速/(m/s)	20～8 时降水量/mm	8～20 时降水量/mm	20～20 时累计降水量/mm
1.1	4.8	0.0	—	—
平均气温/℃	日最高气温/℃	日最低气温/℃	流量/(m^3/s)	水位/m
26.1	31.2	22.2	3180	0.11

注：—表示微量

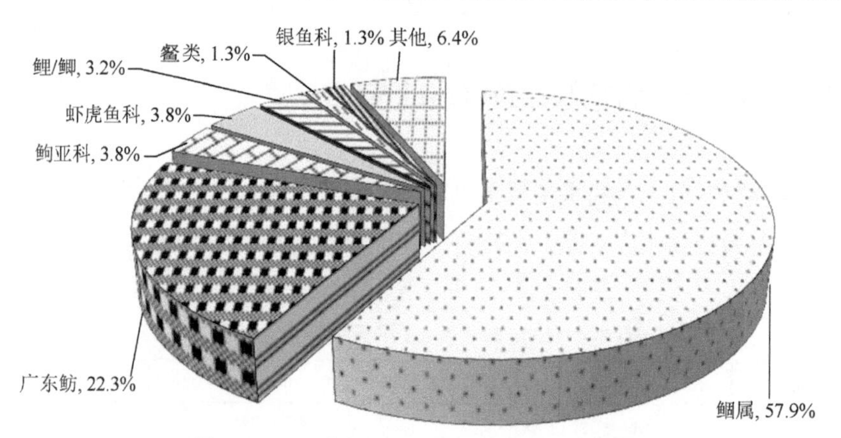

图 3-9　2006 年 4 月 20 日仔鱼群落结构组成

10. 2006年4月22日环境特征及仔鱼群落结构组成

2006 年 4 月 22 日天气和水文状况见表 3-10。当天采集到 6 种（类）仔鱼，相对多度由高至低依次为广东鲂、鲴属、虾虎鱼科、鮈亚科、银鱼科、鳘类（图 3-10）。

表 3-10　2006 年 4 月 22 日天气和水文状况

平均风速/(m/s)	最大风速/(m/s)	20～8 时降水量/mm	8～20 时降水量/mm	20～20 时累计降水量/mm
2.4	6.8	0.0	0.0	0.0
平均气温/℃	日最高气温/℃	日最低气温/℃	流量/(m^3/s)	水位/m
26.8	30.9	23.2	2860	0.24

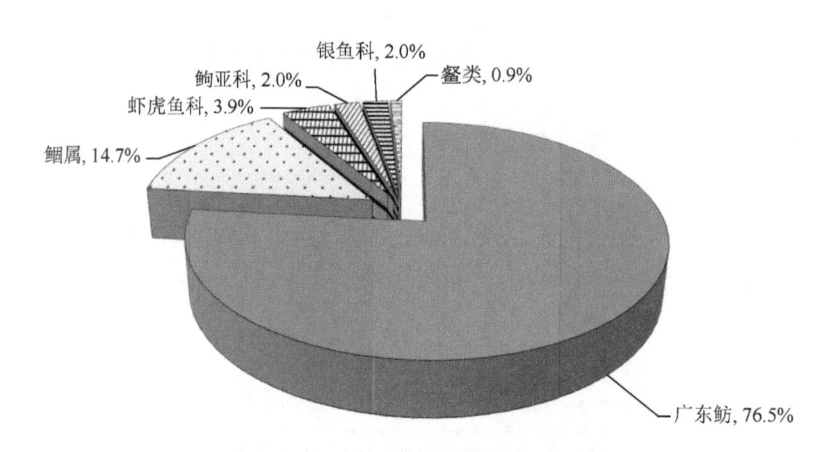

图 3-10　2006 年 4 月 22 日仔鱼群落结构组成

11. 2006年4月24日环境特征及仔鱼群落结构组成

2006 年 4 月 24 日天气和水文状况见表 3-11。当天采集到 8 种（类）仔鱼，主要种类相对多度由高至低依次为广东鲂、鲄亚科、虾虎鱼科、鲴属、䱗类、银鱼科、鲤/鲫等（图 3-11）。

表 3-11　2006 年 4 月 24 日天气和水文状况

平均风速/(m/s)	最大风速/(m/s)	20～8 时降水量/mm	8～20 时降水量/mm	20～20 时累计降水量/mm
2.5	6.3	—	—	—
平均气温/℃	日最高气温/℃	日最低气温/℃	流量/(m^3/s)	水位/m
27.4	32.2	24.1	2770	0.2

注：一表示微量

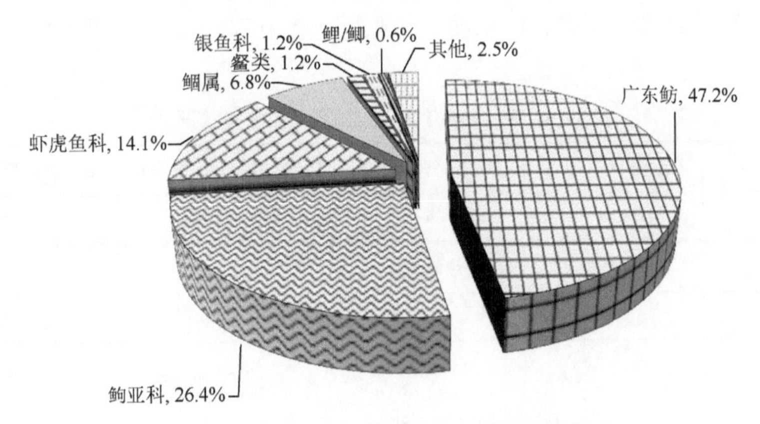

图 3-11　2006 年 4 月 24 日仔鱼群落结构组成

12. 2006年4月26日环境特征及仔鱼群落结构组成

2006 年 4 月 26 日天气和水文状况见表 3-12。当天采集到 6 种（类）仔鱼，相对多度由高至低依次为鲴属、广东鲂、鲄亚科、䱗类、银鱼科、虾虎鱼科（图 3-12）。

表 3-12　2006 年 4 月 26 日天气和水文状况

平均风速/(m/s)	最大风速/(m/s)	20～8 时降水量/mm	8～20 时降水量/mm	20～20 时累计降水量/mm
2.3	7.3	—	6.4	6.4
平均气温/℃	日最高气温/℃	日最低气温/℃	流量/(m^3/s)	水位/m
27.0	33.3	24.7	2820	0.64

注：一表示微量

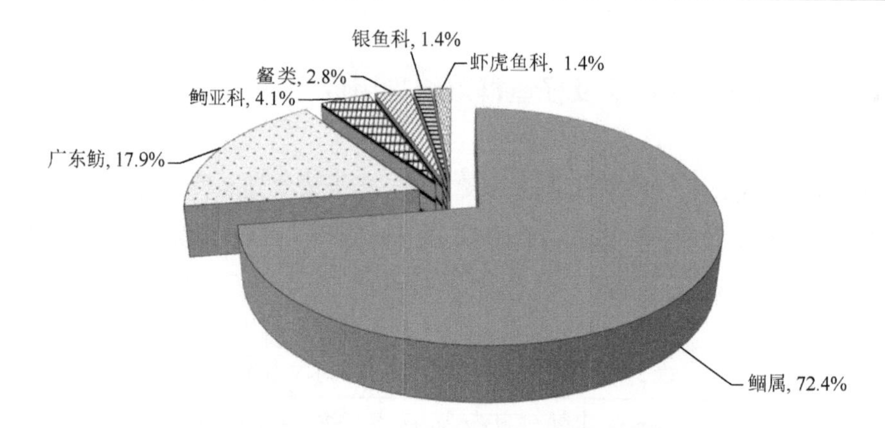

图 3-12　2006 年 4 月 26 日仔鱼群落结构组成

13. 2006年4月28日环境特征及仔鱼群落结构组成

2006 年 4 月 28 日天气和水文状况见表 3-13。当天采集到 6 种（类）仔鱼，相对多度由高至低依次为鲴属、鳌类、广东鲂、鮈亚科、赤眼鳟、鲤/鲫（图 3-13）。

表 3-13　2006 年 4 月 28 日天气和水文状况

平均风速/(m/s)	最大风速/(m/s)	20～8 时降水量/mm	8～20 时降水量/mm	20～20 时累计降水量/mm
3.1	7.8	4.0	1.7	5.7
平均气温/℃	日最高气温/℃	日最低气温/℃	流量/(m^3/s)	水位/m
24.2	26.7	22.4	3300	0.97

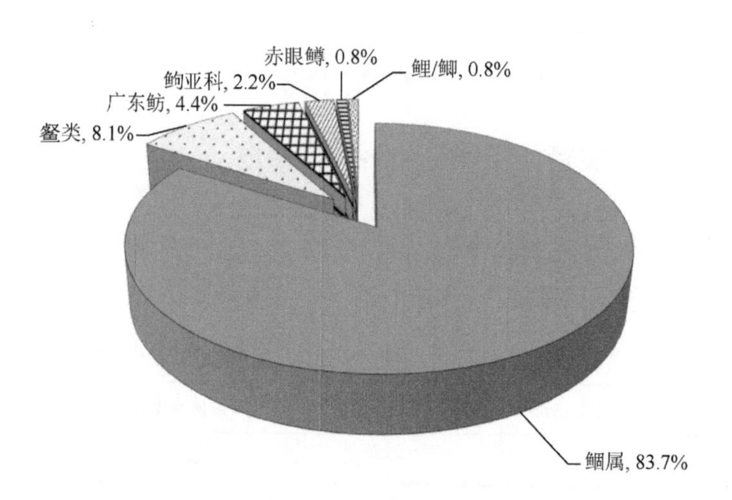

图 3-13　2006 年 4 月 28 日仔鱼群落结构组成

14. 2006年4月30日环境特征及仔鱼群落结构组成

2006 年 4 月 30 日天气和水文状况见表 3-14。当天采集到 5 种（类）仔鱼，相对多度由高至低依次为广东鲂、鳘类、鲴属、鮈亚科、赤眼鳟（图 3-14）。

表 3-14　2006 年 4 月 30 日天气和水文状况

平均风速/(m/s)	最大风速/(m/s)	20～8 时降水量/mm	8～20 时降水量/mm	20～20 时累计降水量/mm
1.3	3.1	0.0	0.0	0.0
平均气温/℃	日最高气温/℃	日最低气温/℃	流量/(m^3/s)	水位/m
25.7	30.6	21.9	5270	1.18

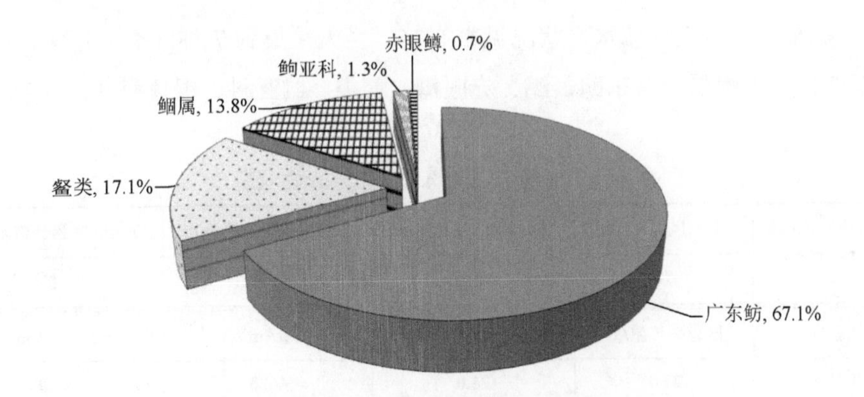

图 3-14　2006 年 4 月 30 日仔鱼群落结构组成

15. 2006年5月2日环境特征及仔鱼群落结构组成

2006 年 5 月 2 日天气和水文状况见表 3-15。当天采集到 4 种（类）仔鱼，相对多度由高至低依次为鲴属、鳘类、鲮、鮈亚科（图 3-15）。

表 3-15　2006 年 5 月 2 日天气和水文状况

平均风速/(m/s)	最大风速/(m/s)	20～8 时降水量/mm	8～20 时降水量/mm	20～20 时累计降水量/mm
1.8	4.8	0.8	1.2	2.0
平均气温/℃	日最高气温/℃	日最低气温/℃	流量/(m^3/s)	水位/m
26.3	29.6	25.0	5200	0.66

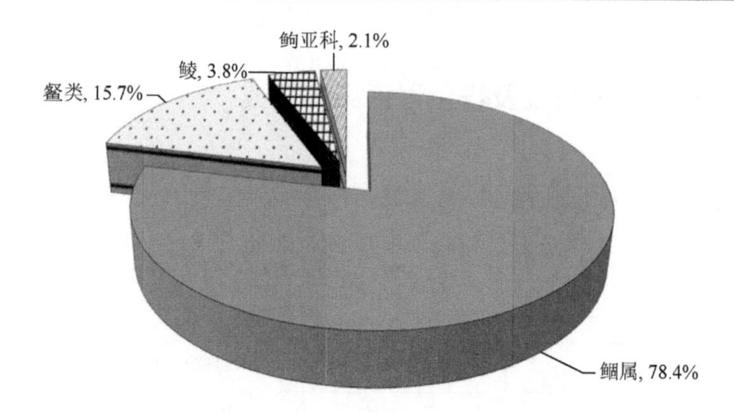

图 3-15　2006 年 5 月 2 日仔鱼群落结构组成

16. 2006年5月4日环境特征及仔鱼群落结构组成

2006 年 5 月 4 日天气和水文状况见表 3-16。当天采集到 7 种（类）仔鱼，相对多度由高至低依次为鲴属、广东鲂、鳡、赤眼鳟、鳘类、鮈亚科、银鱼科（图 3-16）。

表 3-16　2006 年 5 月 4 日天气和水文状况

平均风速/(m/s)	最大风速/(m/s)	20～8 时降水量/mm	8～20 时降水量/mm	20～20 时累计降水量/mm
1.8	4.0	0.4	—	0.4
平均气温/℃	日最高气温/℃	日最低气温/℃	流量/(m^3/s)	水位/m
23.8	27.4	21.0	4620	0.93

注：—表示微量

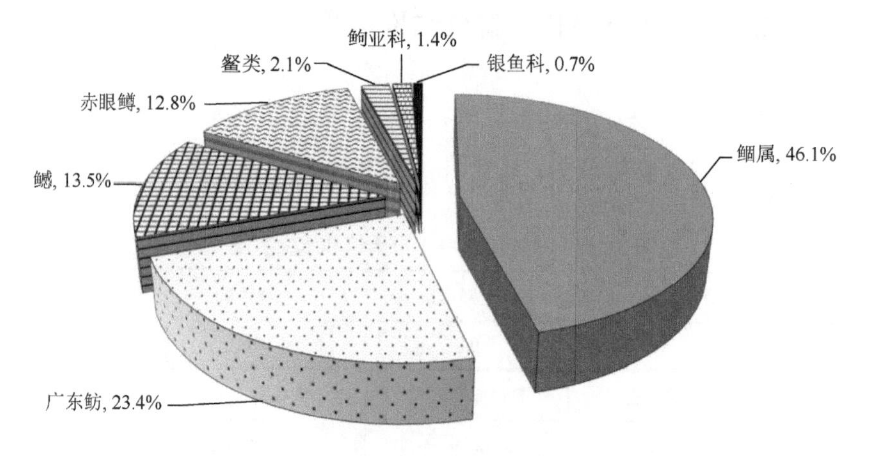

图 3-16　2006 年 5 月 4 日仔鱼群落结构组成

17. 2006年5月6日环境特征及仔鱼群落结构组成

2006 年 5 月 6 日天气和水文状况见表 3-17。当天采集到 7 种（类）仔鱼，相对多度由高至低依次为鲄亚科、鲴属、赤眼鳟、鳘类、鲮、虾虎鱼科、鲤/鲫（图 3-17）。

表 3-17　2006 年 5 月 6 日天气和水文状况

平均风速/(m/s)	最大风速/(m/s)	20～8 时降水量/mm	8～20 时降水量/mm	20～20 时累计降水量/mm
3.8	13.5	0.0	—	—
平均气温/℃	日最高气温/℃	日最低气温/℃	流量/(m^3/s)	水位/m
27.5	32.4	24.3	4840	0.93

注：—表示微量

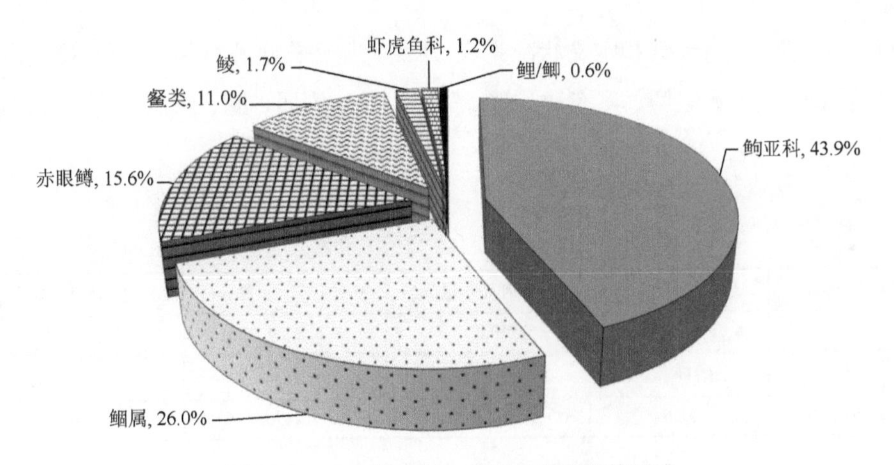

图 3-17　2006 年 5 月 6 日仔鱼群落结构组成

18. 2006年5月8日环境特征及仔鱼群落结构组成

2006 年 5 月 8 日天气和水文状况见表 3-18。当天采集到 9 种（类）仔鱼，相对多度由高至低依次为鲮、鲴属、鳙、鲤/鲫、赤眼鳟、草鱼、鳅类、鳡、鳤（图 3-18）。

表 3-18　2006 年 5 月 8 日天气和水文状况

平均风速/(m/s)	最大风速/(m/s)	20～8 时降水量/mm	8～20 时降水量/mm	20～20 时累计降水量/mm
2.4	6.6	0.0	0.0	0.0
平均气温/℃	日最高气温/℃	日最低气温/℃	流量/(m^3/s)	水位/m
28.9	33.3	25.3	5450	1.15

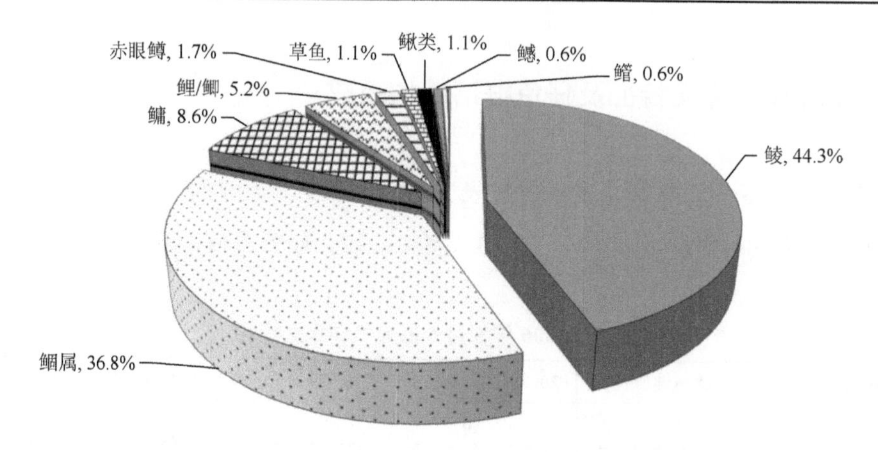

图 3-18　2006 年 5 月 8 日仔鱼群落结构组成

19. 2006年5月10日环境特征及仔鱼群落结构组成

2006 年 5 月 10 日天气和水文状况见表 3-19。当天采集到 11 种（类）仔鱼，相对多度由高至低依次为赤眼鳟、广东鲂、鲢、鲮、草鱼、鲴属、鳡、鳜属、鮈亚科、鳘类、虾虎鱼科（图 3-19）。

表 3-19　2006 年 5 月 10 日天气和水文状况

平均风速/(m/s)	最大风速/(m/s)	20～8 时降水量/mm	8～20 时降水量/mm	20～20 时累计降水量/mm
2.3	9.1	0.0	15.9	15.9
平均气温/℃	日最高气温/℃	日最低气温/℃	流量/(m^3/s)	水位/m
27.5	33.0	24.4	4490	0.67

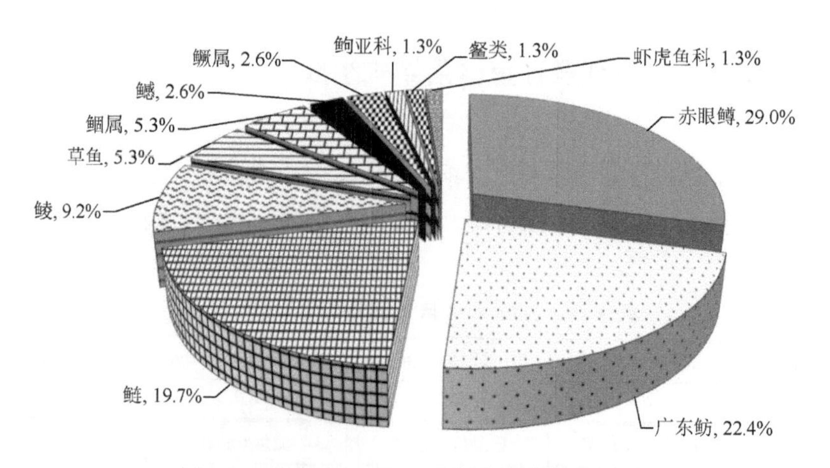

图 3-19　2006 年 5 月 10 日仔鱼群落结构组成

20. 2006年5月12日环境特征及仔鱼群落结构组成

2006年5月12日天气和水文状况见表3-20。当天采集到6种（类）仔鱼，主要种类相对多度由高至低依次为草鱼、赤眼鳟、鲮、虾虎鱼科、飘鱼属等（图3-20）。

表3-20　2006年5月12日天气和水文状况

平均风速/(m/s)	最大风速/(m/s)	20～8时降水量/mm	8～20时降水量/mm	20～20时累计降水量/mm
2.6	5.2	0.0	0.0	0.0
平均气温/℃	日最高气温/℃	日最低气温/℃	流量/(m^3/s)	水位/m
28.6	32.4	25.5	5160	1.27

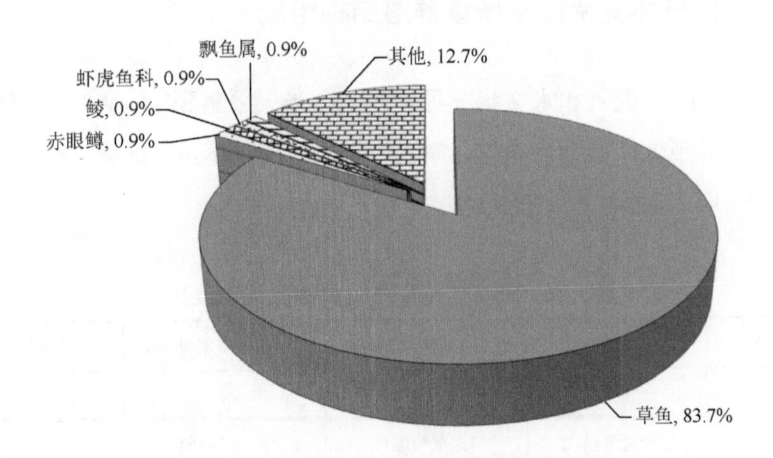

图3-20　2006年5月12日仔鱼群落结构组成

21. 2006年5月14日环境特征及仔鱼群落结构组成

2006年5月14日天气和水文状况见表3-21。当天采集到14种（类）仔鱼，主要种类相对多度由高至低依次为广东鲂、赤眼鳟、鲴属、鳘类、飘鱼属、鳅类、鲢、草鱼、鮈亚科、鳡、鳍、虾虎鱼科、鳜属等（图3-21）。

表3-21　2006年5月14日天气和水文状况

平均风速/(m/s)	最大风速/(m/s)	20～8时降水量/mm	8～20时降水量/mm	20～20时累计降水量/mm
4.4	10.0	0.0	0.0	0.0
平均气温/℃	日最高气温/℃	日最低气温/℃	流量/(m^3/s)	水位/m
22.8	27.5	18.5	7140	1.52

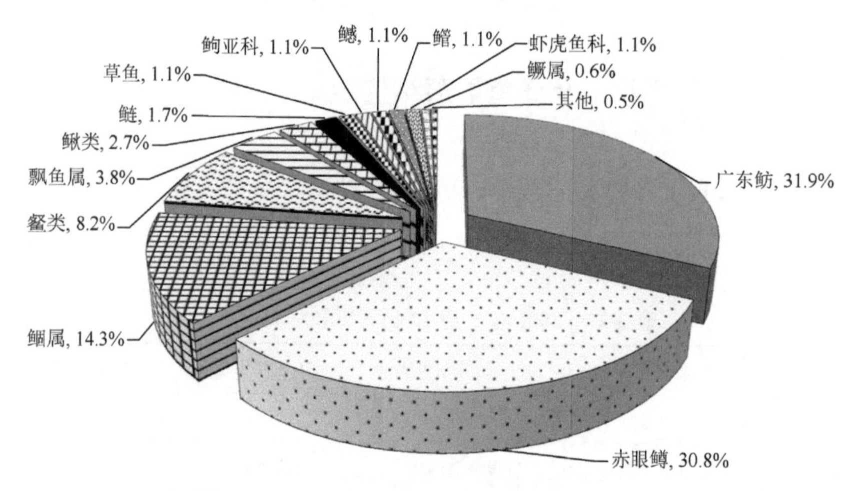

图 3-21　2006 年 5 月 14 日仔鱼群落结构组成

22. 2006年5月16日环境特征及仔鱼群落结构组成

2006 年 5 月 16 日天气和水文状况见表 3-22。当天采集到 11 种（类）仔鱼，主要种类相对多度由高至低依次为赤眼鳟、鲴属、鲤/鲫、鲮、草鱼、鳌类、鱵、鮈亚科、鳜属、银鱼科等（图 3-22）。

表 3-22　2006 年 5 月 16 日天气和水文状况

平均风速/(m/s)	最大风速/(m/s)	20～8 时降水量/mm	8～20 时降水量/mm	20～20 时累计降水量/mm
3.8	8.1	0.0	2.3	2.3
平均气温/℃	日最高气温/℃	日最低气温/℃	流量/(m³/s)	水位/m
23.5	26.6	21.1	8850	1.76

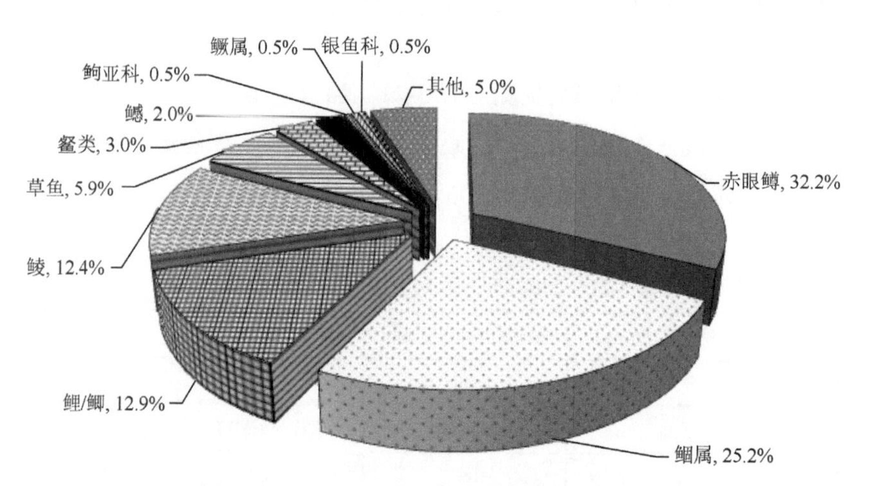

图 3-22　2006 年 5 月 16 日仔鱼群落结构组成

23. 2006年5月18日环境特征及仔鱼群落结构组成

2006年5月18日天气和水文状况见表3-23。当天采集到7种（类）仔鱼，相对多度由高至低依次为鲴属、广东鲂、赤眼鳟、鳘类、虾虎鱼科、鲮、鳜属（图3-23）。

表3-23　2006年5月18日天气和水文状况

平均风速/(m/s)	最大风速/(m/s)	20～8时降水量/mm	8～20时降水量/mm	20～20时累计降水量/mm
2.0	6.9	0.0	0.0	0.0
平均气温/℃	日最高气温/℃	日最低气温/℃	流量/(m³/s)	水位/m
26.1	28.4	23.4	5600	1.04

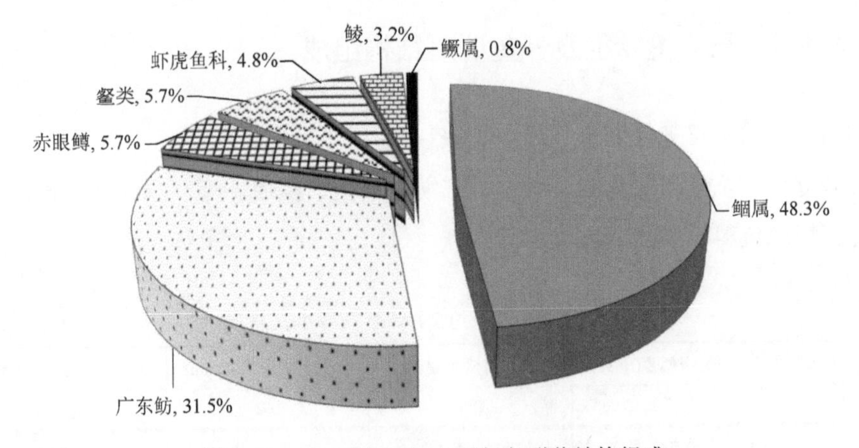

图3-23　2006年5月18日仔鱼群落结构组成

24. 2006年5月22日环境特征及仔鱼群落结构组成

2006年5月22日天气和水文状况见表3-24。当天采集到11种（类）仔鱼，相对多度由高至低依次为赤眼鳟、鲴属、广东鲂、鳡、鳘类、鲤/鲫、鲢、鳤、鮈亚科、草鱼、虾虎鱼科（图3-24）。

表3-24　2006年5月22日天气和水文状况

平均风速/(m/s)	最大风速/(m/s)	20～8时降水量/mm	8～20时降水量/mm	20～20时累计降水量/mm
0.9	4.7	19.4	48.1	67.5
平均气温/℃	日最高气温/℃	日最低气温/℃	流量/(m³/s)	水位/m
23.3	24.8	22.3	4230	0.76

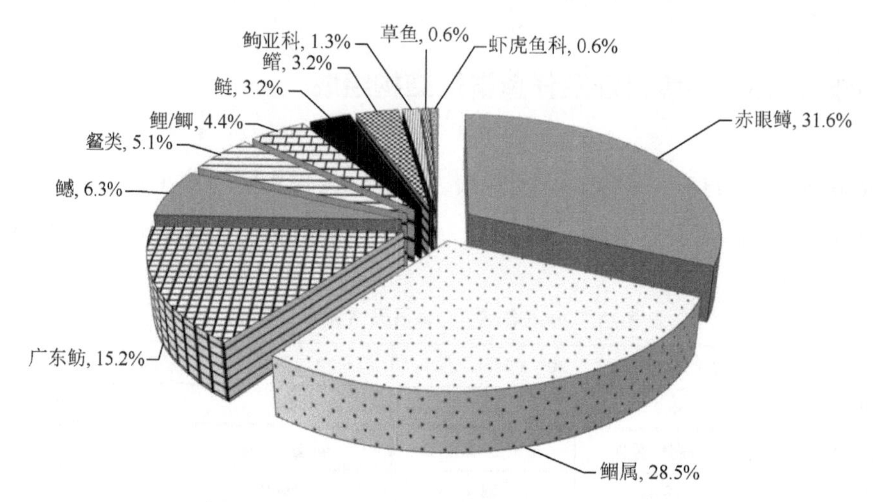

图 3-24　2006 年 5 月 22 日仔鱼群落结构组成

25. 2006年5月24日环境特征及仔鱼群落结构组成

2006 年 5 月 24 日天气和水文状况见表 3-25。当天采集到 12 种（类）仔鱼，主要种类相对多度由高至低依次为赤眼鳟、广东鲂、草鱼、鲴属、鳍、鲂亚科、鳡、鲮、鲌类、鳅类、虾虎鱼科等（图 3-25）。

表 3-25　2006 年 5 月 24 日天气和水文状况

平均风速/(m/s)	最大风速/(m/s)	20～8 时降水量/mm	8～20 时降水量/mm	20～20 时累计降水量/mm
1.2	3.2	0.5	0.2	0.7
平均气温/℃	日最高气温/℃	日最低气温/℃	流量/(m^3/s)	水位/m
25.8	28.7	23.7	4280	0.59

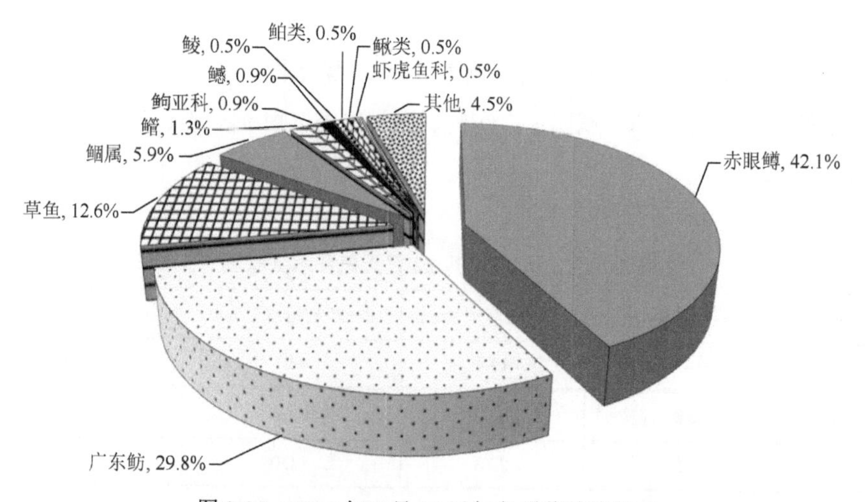

图 3-25　2006 年 5 月 24 日仔鱼群落结构组成

26. 2006年5月26日环境特征及仔鱼群落结构组成

2006 年 5 月 26 日天气和水文状况见表 3-26。当天采集到 10 种（类）仔鱼，主要种类相对多度由高至低依次为鳌类、鲌类、广东鲂、鲴属、鮈亚科、赤眼鳟、虾虎鱼科、鳍、鳅类等（图 3-26）。

表 3-26　2006 年 5 月 26 日天气和水文状况

平均风速/(m/s)	最大风速/(m/s)	20～8 时降水量/mm	8～20 时降水量/mm	20～20 时累计降水量/mm
1.6	6.4	0.3	17.4	17.7
平均气温/℃	日最高气温/℃	日最低气温/℃	流量/(m^3/s)	水位/m
26.8	30.5	25.0	3640	0.54

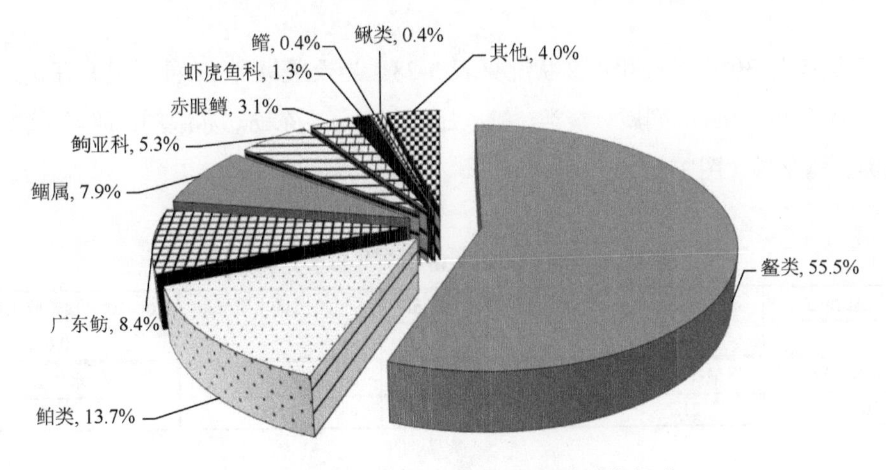

图 3-26　2006 年 5 月 26 日仔鱼群落结构组成

27. 2006年5月28日环境特征及仔鱼群落结构组成

2006 年 5 月 28 日天气和水文状况见表 3-27。当天采集到 10 种（类）仔鱼，相对多度由高至低依次为鳌类、鲴属、广东鲂、鲢、赤眼鳟、鳡、鲌类、鮈亚科、虾虎鱼科、鲮（图 3-27）。

表 3-27　2006 年 5 月 28 日天气和水文状况

平均风速/(m/s)	最大风速/(m/s)	20～8 时降水量/mm	8～20 时降水量/mm	20～20 时累计降水量/mm
2.3	8.2	10.6	0.7	11.3
平均气温/℃	日最高气温/℃	日最低气温/℃	流量/(m^3/s)	水位/m
24.2	25.6	23.1	9000	2.29

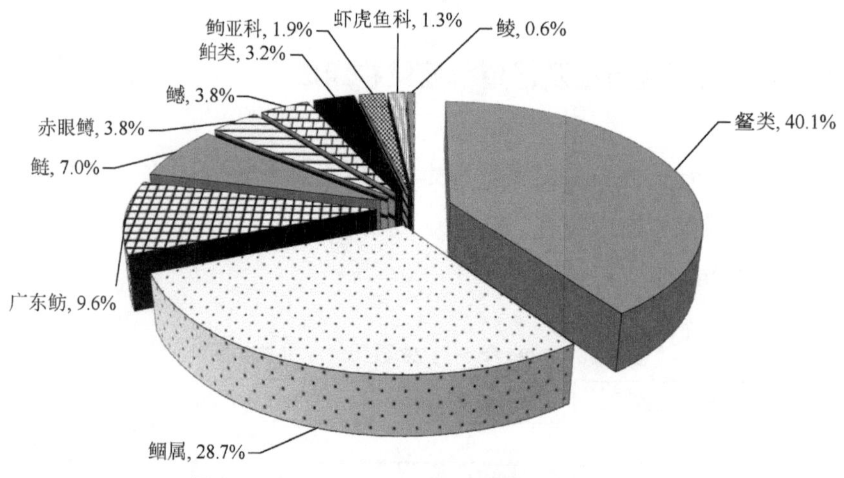

图 3-27　2006 年 5 月 28 日仔鱼群落结构组成

28. 2006年5月30日环境特征及仔鱼群落结构组成

2006 年 5 月 30 日天气和水文状况见表 3-28。当天采集到 12 种（类）仔鱼，相对多度由高至低依次为鲮、鲴属、鳘类、鳙、虾虎鱼科、广东鲂、赤眼鳟、鳅类、飘鱼属、鲢、鲌类、鮈亚科（图 3-28）。

表 3-28　2006 年 5 月 30 日天气和水文状况

平均风速/(m/s)	最大风速/(m/s)	20～8 时降水量/mm	8～20 时降水量/mm	20～20 时累计降水量/mm
2.5	6.6	0.6	—	0.6
平均气温/℃	日最高气温/℃	日最低气温/℃	流量/(m^3/s)	水位/m
20.9	21.7	19.7	11 500	3.42

注：—表示微量

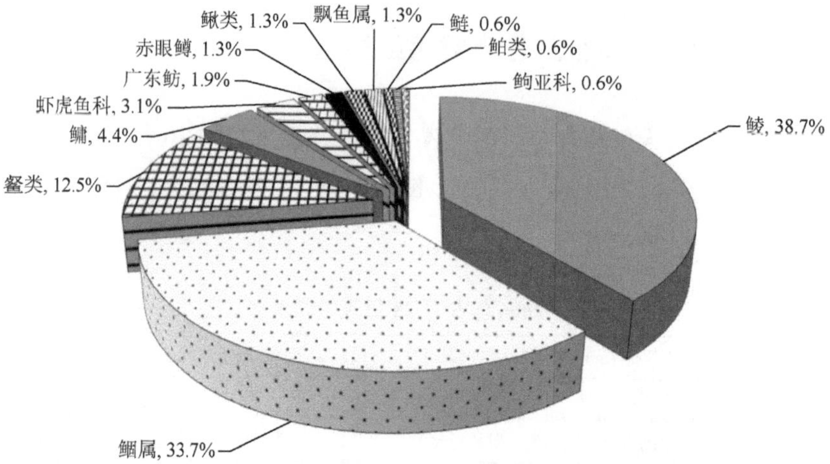

鳅类, 1.3%
飘鱼属, 1.3%
鲢, 0.6%
赤眼鳟, 1.3%
鲌类, 0.6%
广东鲂, 1.9%
鮈亚科, 0.6%
虾虎鱼科, 3.1%
鳙, 4.4%
鲮, 38.7%
鳘类, 12.5%
鲴属, 33.7%

图 3-28　2006 年 5 月 30 日仔鱼群落结构组成

29. 2006年6月1日环境特征及仔鱼群落结构组成

2006 年 6 月 1 日天气和水文状况见表 3-29。当天采集到 10 种（类）仔鱼，相对多度由高至低依次为鲴属、广东鲂、鲮、赤眼鳟、鳘类、鳙、鮈亚科、草鱼、鳅类、虾虎鱼科（图 3-29）。

表 3-29　2006 年 6 月 1 日天气和水文状况

平均风速/(m/s)	最大风速/(m/s)	20～8 时降水量/mm	8～20 时降水量/mm	20～20 时累计降水量/mm
0.6	6.7	2.6	18.3	20.9
平均气温/℃	日最高气温/℃	日最低气温/℃	流量/(m^3/s)	水位/m
25.0	28.9	24.0	10 500	2.81

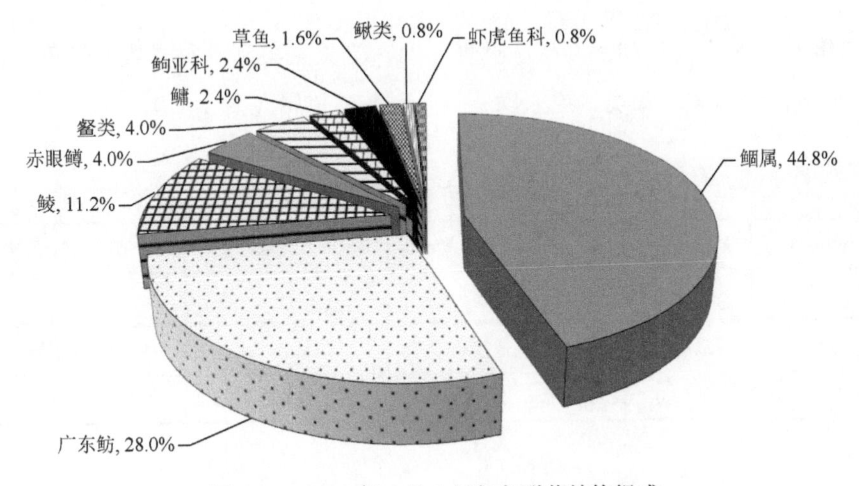

图 3-29　2006 年 6 月 1 日仔鱼群落结构组成

30. 2006年6月3日环境特征及仔鱼群落结构组成

2006 年 6 月 3 日天气和水文状况见表 3-30。当天采集到 7 种（类）仔鱼，相对多度由高至低依次为鲴属、广东鲂、鳘类、赤眼鳟、鮈亚科、草鱼、飘鱼属（图 3-30）。

表 3-30　2006 年 6 月 3 日天气和水文状况

平均风速/(m/s)	最大风速/(m/s)	20～8 时降水量/mm	8～20 时降水量/mm	20～20 时累计降水量/mm
1.6	6.0	0.1	0.1	0.2
平均气温/℃	日最高气温/℃	日最低气温/℃	流量/(m^3/s)	水位/m
26.7	31.3	24.4	11 600	3.15

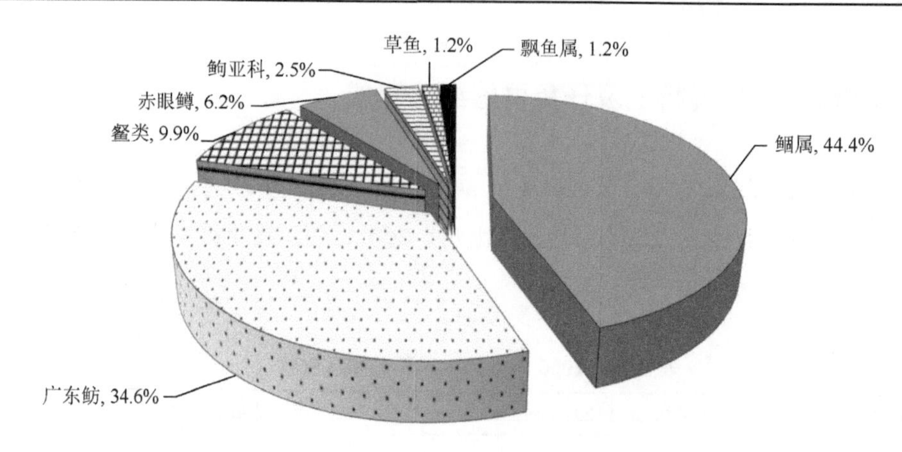

图 3-30　2006 年 6 月 3 日仔鱼群落结构组成

31. 2006年6月5日环境特征及仔鱼群落结构组成

2006 年 6 月 5 日天气和水文状况见表 3-31。当天采集到 5 种（类）仔鱼，相对多度由高至低依次为鲴属、鳘类、广东鲂、鮈亚科、飘鱼属（图 3-31）。

表 3-31　2006 年 6 月 5 日天气和水文状况

平均风速/(m/s)	最大风速/(m/s)	20～8 时降水量/mm	8～20 时降水量/mm	20～20 时累计降水量/mm
3.1	7.5	—	0.0	—
平均气温/℃	日最高气温/℃	日最低气温/℃	流量/(m^3/s)	水位/m
29.3	33.6	26.1	12 000	3.19

注：—表示微量

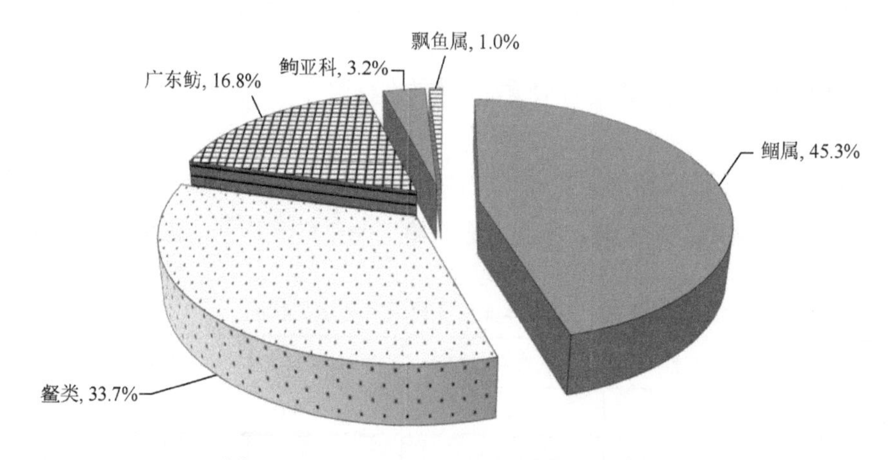

图 3-31　2006 年 6 月 5 日仔鱼群落结构组成

32. 2006年6月7日环境特征及仔鱼群落结构组成

2006 年 6 月 7 日天气和水文状况见表 3-32。当天采集到 15 种（类）仔鱼，主要种类相对多度由高至低依次为赤眼鳟、青鱼、草鱼、鲢、鳙、鲴属、鮈亚科、鳘类、广东鲂、鲌类、鲮、鳡、鳅类、虾虎鱼科等（图 3-32）。

表 3-32　2006 年 6 月 7 日天气和水文状况

平均风速/(m/s)	最大风速/(m/s)	20～8 时降水量/mm	8～20 时降水量/mm	20～20 时累计降水量/mm
2.7	7.4	0.0	0.0	0.0
平均气温/℃	日最高气温/℃	日最低气温/℃	流量/(m^3/s)	水位/m
29.6	33.5	27.1	13 100	3.49

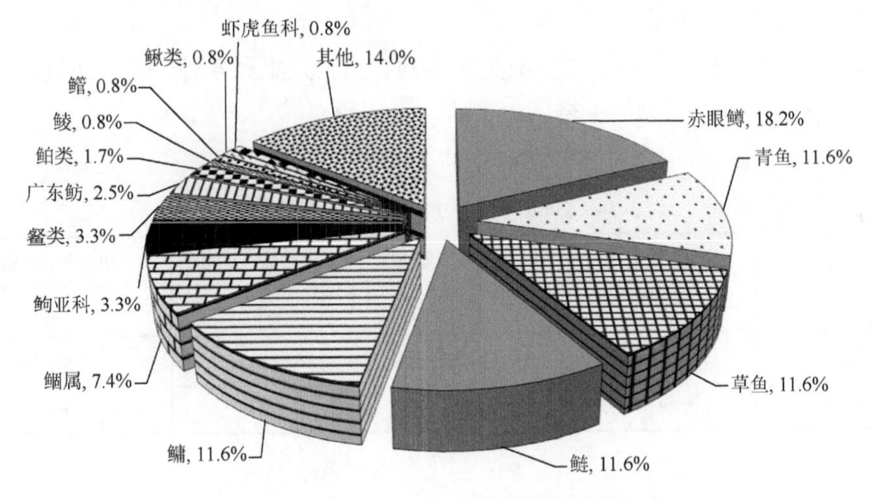

图 3-32　2006 年 6 月 7 日仔鱼群落结构组成

33. 2006年6月9日环境特征及仔鱼群落结构组成

2006 年 6 月 9 日天气和水文状况见表 3-33。当天采集到 10 种（类）仔鱼，相对多度由高至低依次为鲴属、赤眼鳟、鲮、广东鲂、鳙、草鱼、鳅类、鳘类、鳡、鳡（图 3-33）。

表 3-33　2006 年 6 月 9 日天气和水文状况

平均风速/(m/s)	最大风速/(m/s)	20～8 时降水量/mm	8～20 时降水量/mm	20～20 时累计降水量/mm
1.4	4.8	5.9	89.7	95.6
平均气温/℃	日最高气温/℃	日最低气温/℃	流量/(m^3/s)	水位/m
24.7	25.5	23.7	22 800	5.81

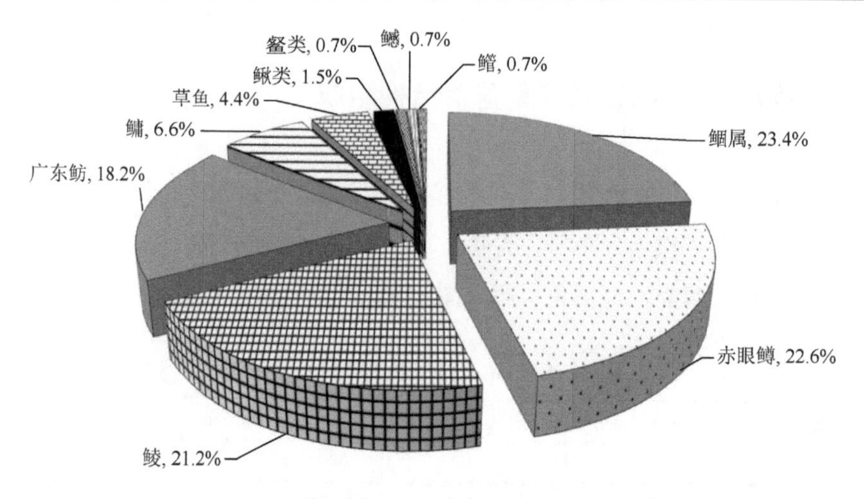

图 3-33　2006 年 6 月 9 日仔鱼群落结构组成

34. 2006年6月11日环境特征及仔鱼群落结构组成

2006 年 6 月 11 日天气和水文状况见表 3-34。当天采集到 4 种（类）仔鱼，相对多度由高至低依次为鲴属、鲮、鳘类、广东鲂（图 3-34）。

表 3-34　2006 年 6 月 11 日天气和水文状况

平均风速/(m/s)	最大风速/(m/s)	20～8 时降水量/mm	8～20 时降水量/mm	20～20 时累计降水量/mm
1.5	3.9	0.0	0.0	0.0
平均气温/℃	日最高气温/℃	日最低气温/℃	流量/(m^3/s)	水位/m
26.2	29.8	23.0	22 500	6.56

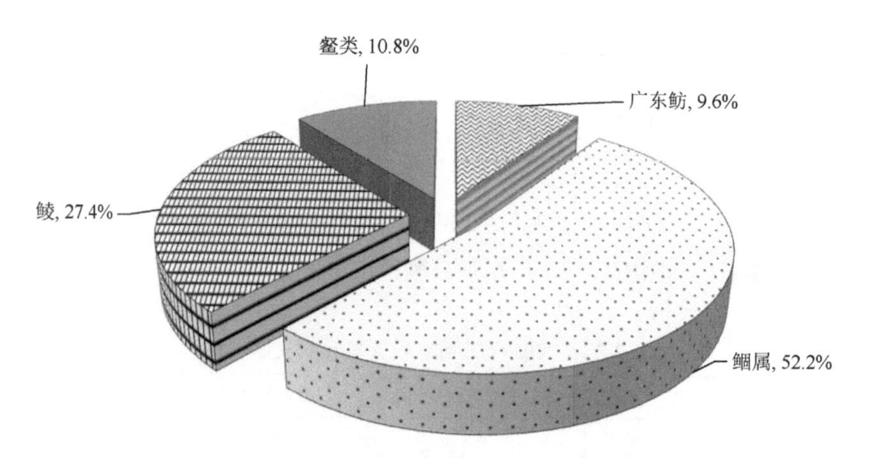

图 3-34　2006 年 6 月 11 日仔鱼群落结构组成

35. 2006年6月13日环境特征及仔鱼群落结构组成

2006 年 6 月 13 日天气和水文状况见表 3-35。当天采集到 3 种（类）仔鱼，相对多度由高至低依次为䱗属、广东鲂、鲮（图 3-35）。

表 3-35　2006 年 6 月 13 日天气和水文状况

平均风速/(m/s)	最大风速/(m/s)	20～8 时降水量/mm	8～20 时降水量/mm	20～20 时累计降水量/mm
1.7	6.4	0.0	0.8	0.8
平均气温/℃	日最高气温/℃	日最低气温/℃	流量/(m^3/s)	水位/m
26.4	31.9	24.4	15 100	4.29

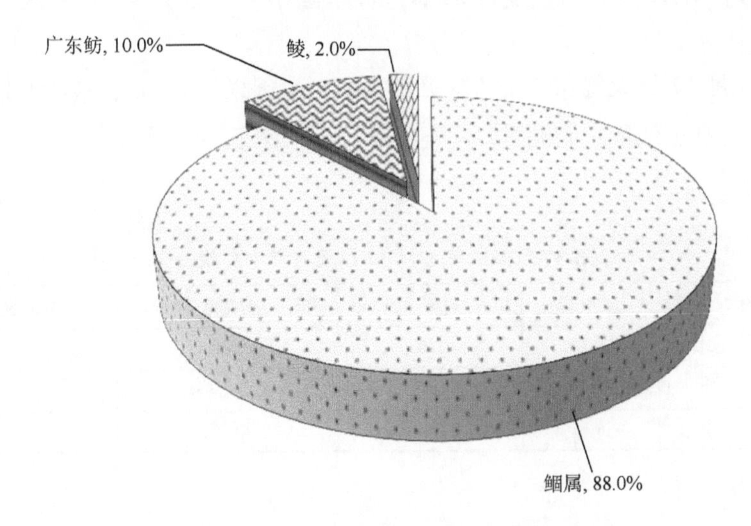

图 3-35　2006 年 6 月 13 日仔鱼群落结构组成

36. 2006年6月15日环境特征及仔鱼群落结构组成

2006 年 6 月 15 日天气和水文状况见表 3-36。当天采集到 7 种（类）仔鱼，主要种类相对多度由高至低依次为䱗属、广东鲂、赤眼鳟、鳘类、鳡、鳅类等（图 3-36）。

表 3-36　2006 年 6 月 15 日天气和水文状况

平均风速/(m/s)	最大风速/(m/s)	20～8 时降水量/mm	8～20 时降水量/mm	20～20 时累计降水量/mm
1.1	4.4	1.6	5.5	7.1
平均气温/℃	日最高气温/℃	日最低气温/℃	流量/(m^3/s)	水位/m
27.1	31.8	24.6	12 000	3.00

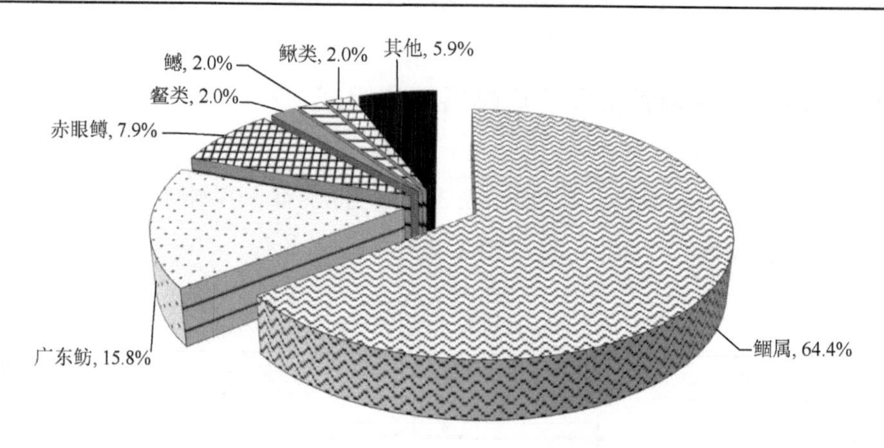

图 3-36　2006 年 6 月 15 日仔鱼群落结构组成

37. 2006年6月17日环境特征及仔鱼群落结构组成

2006 年 6 月 17 日天气和水文状况见表 3-37。当天采集到 10 种（类）仔鱼，主要种类相对多度由高至低依次为鲌类、鰲类、鮈亚科、鲴属、赤眼鳟、广东鲂、鳙、草鱼、鳍等（图 3-37）。

表 3-37　2006 年 6 月 17 日天气和水文状况

平均风速/(m/s)	最大风速/(m/s)	20～8 时降水量/mm	8～20 时降水量/mm	20～20 时累计降水量/mm
1.9	10.1	0.0	27.0	27.0
平均气温/℃	日最高气温/℃	日最低气温/℃	流量/(m^3/s)	水位/m
28.4	33.6	24.2	20 700	5.46

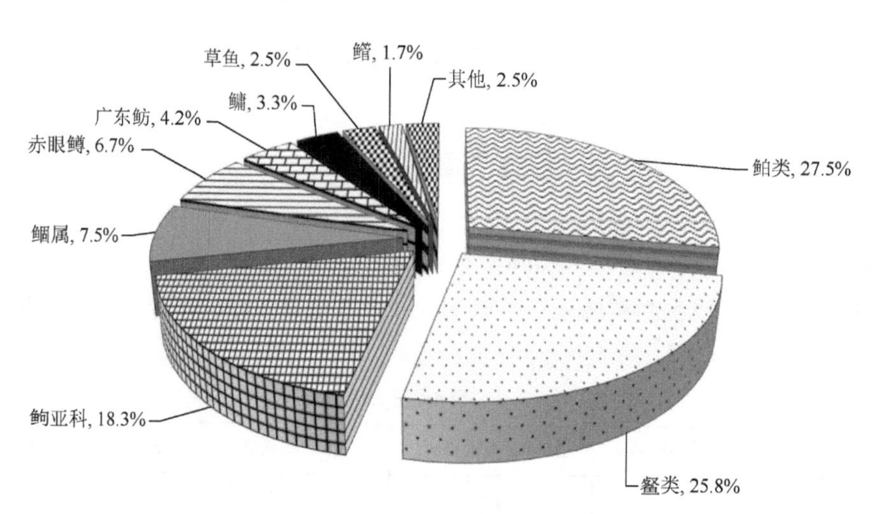

图 3-37　2006 年 6 月 17 日仔鱼群落结构组成

38. 2006年6月19日环境特征及仔鱼群落结构组成

2006 年 6 月 19 日天气和水文状况见表 3-38。当天采集到 8 种（类）仔鱼，相对多度由高至低依次为鲴属、鳘类、鲮、鳙、草鱼、广东鲂、赤眼鳟、鲌类（图 3-38）。

表 3-38　2006 年 6 月 19 日天气和水文状况

平均风速/(m/s)	最大风速/(m/s)	20～8 时降水量/mm	8～20 时降水量/mm	20～20 时累计降水量/mm
0.8	11.1	0.0	15.4	15.4
平均气温/℃	**日最高气温/℃**	**日最低气温/℃**	**流量/(m³/s)**	**水位/m**
25.8	31.9	24.2	18 100	5.18

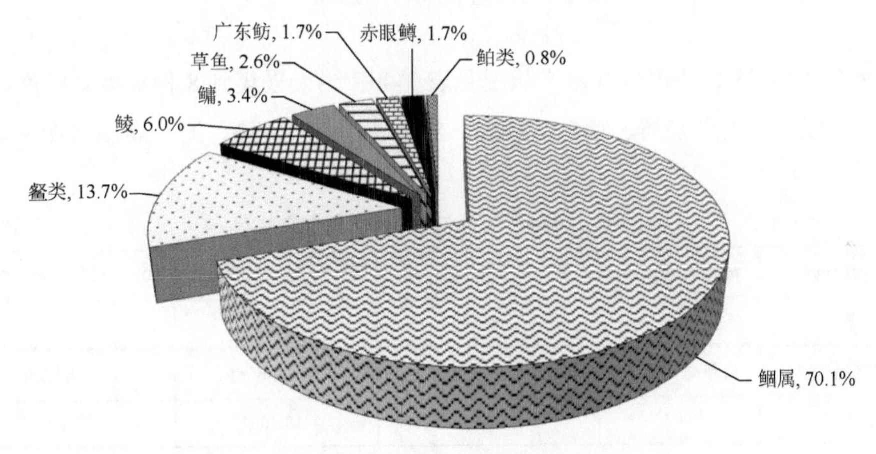

图 3-38　2006 年 6 月 19 日仔鱼群落结构组成

39. 2006年6月21日环境特征及仔鱼群落结构组成

2006 年 6 月 21 日天气和水文状况见表 3-39。当天采集到 10 种（类）仔鱼，相对多度由高至低依次为广东鲂、鲴属、赤眼鳟、鳘类、草鱼、鲢、鲮、鲌类、鮈亚科、鳅类（图 3-39）。

表 3-39　2006 年 6 月 21 日天气和水文状况

平均风速/(m/s)	最大风速/(m/s)	20～8 时降水量/mm	8～20 时降水量/mm	20～20 时累计降水量/mm
1.6	6.5	—	3.2	3.2
平均气温/℃	**日最高气温/℃**	**日最低气温/℃**	**流量/(m³/s)**	**水位/m**
27.6	32.6	23.9	17 500	4.96

注：—表示微量

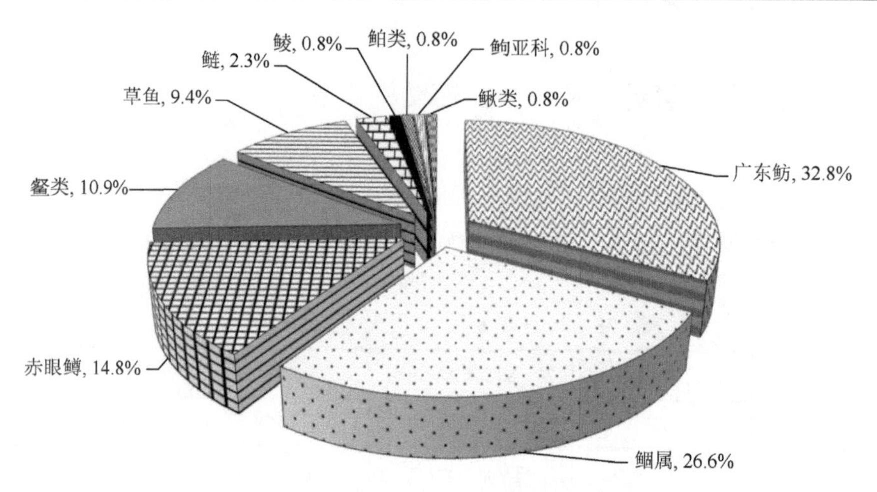

图 3-39　2006 年 6 月 21 日仔鱼群落结构组成

40. 2006年6月23日环境特征及仔鱼群落结构组成

2006 年 6 月 23 日的天气和水文状况见表 3-40。当天采集到 8 种（类）仔鱼，相对多度由高至低依次为广东鲂、草鱼、鲴属、鳘类、鮈亚科、鱤、鳤、鳜属（图 3-40）。

表 3-40　2006 年 6 月 23 日天气和水文状况

平均风速/(m/s)	最大风速/(m/s)	20～8 时降水量/mm	8～20 时降水量/mm	20～20 时累计降水量/mm
1.7	4.3	0.0	0.0	0.0
平均气温/℃	日最高气温/℃	日最低气温/℃	流量/(m^3/s)	水位/m
30.0	34.3	25.9	15 100	4.10

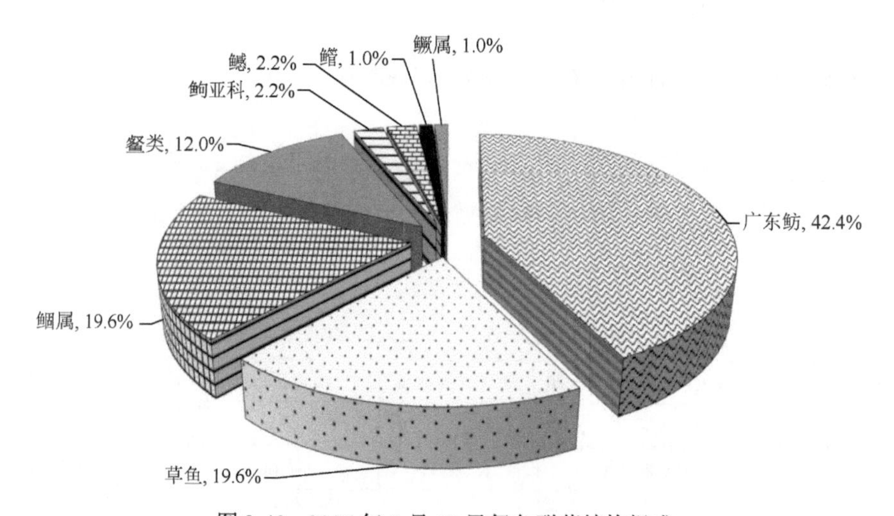

图 3-40　2006 年 6 月 23 日仔鱼群落结构组成

41. 2006年6月25日环境特征及仔鱼群落结构组成

2006年6月25日天气和水文状况见表3-41。当天采集到5种（类）仔鱼，相对多度由高至低依次为广东鲂、鲴属、鳘类、鮈亚科、鲌类（图3-41）。

表3-41　2006年6月25日天气和水文状况

平均风速/(m/s)	最大风速/(m/s)	20～8时降水量/mm	8～20时降水量/mm	20～20时累计降水量/mm
1.3	8.1	0.0	0.0	0.0
平均气温/℃	日最高气温/℃	日最低气温/℃	流量/(m^3/s)	水位/m
30.7	35.7	27.1	10 800	2.62

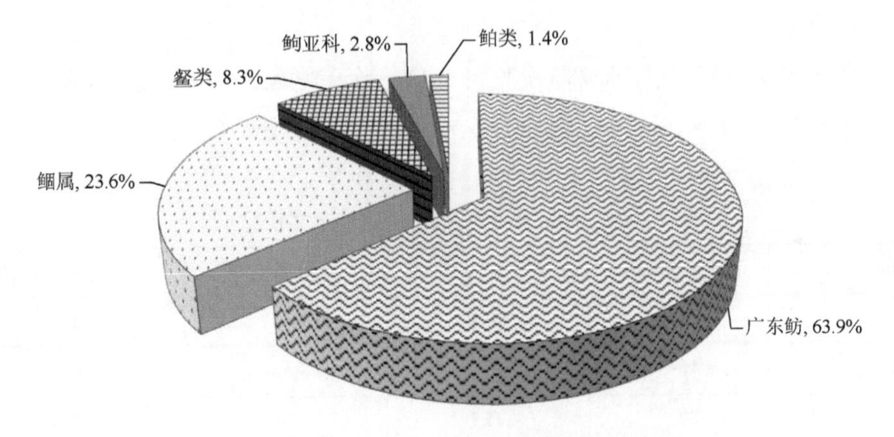

图3-41　2006年6月25日仔鱼群落结构组成

42. 2006年6月27日环境特征及仔鱼群落结构组成

2006年6月27日天气和水文状况见表3-42。当天采集到8种（类）仔鱼，相对多度由高至低依次为广东鲂、鳘类、草鱼、赤眼鳟、鳡、飘鱼属、鲴属、鳅类（图3-42）。

表3-42　2006年6月27日天气和水文状况

平均风速/(m/s)	最大风速/(m/s)	20～8时降水量/mm	8～20时降水量/mm	20～20时累计降水量/mm
2.1	7.9	0.0	1.6	1.6
平均气温/℃	日最高气温/℃	日最低气温/℃	流量/(m^3/s)	水位/m
29.5	34.8	26.4	8300	1.86

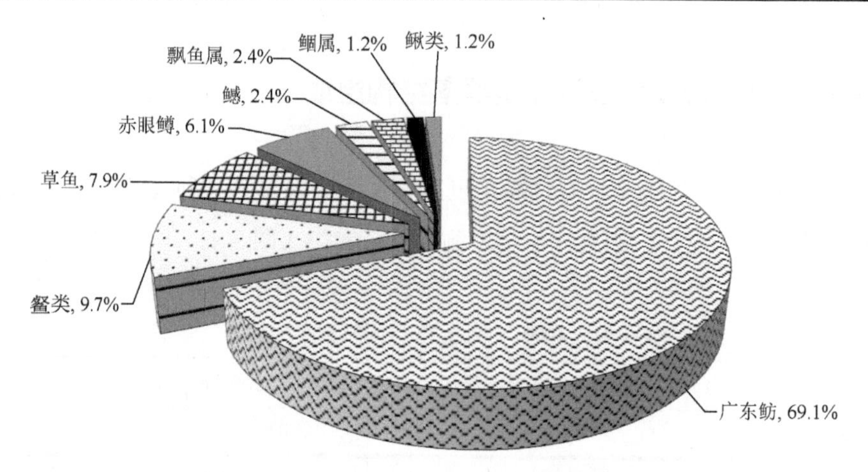

图 3-42 2006 年 6 月 27 日仔鱼群落结构组成

43. 2006年6月29日环境特征及仔鱼群落结构组成

2006 年 6 月 29 日天气和水文状况见表 3-43。当天采集到 6 种（类）仔鱼，相对多度由高至低依次为广东鲂、鳘类、鮈亚科、赤眼鳟、鲴属、鳡（图 3-43）。

表 3-43 2006 年 6 月 29 日天气和水文状况

平均风速/(m/s)	最大风速/(m/s)	20～8 时降水量/mm	8～20 时降水量/mm	20～20 时累计降水量/mm
3.6	9.8	10.8	1.4	12.2
平均气温/℃	日最高气温/℃	日最低气温/℃	流量/(m^3/s)	水位/m
28.3	32.1	25.8	9800	2.33

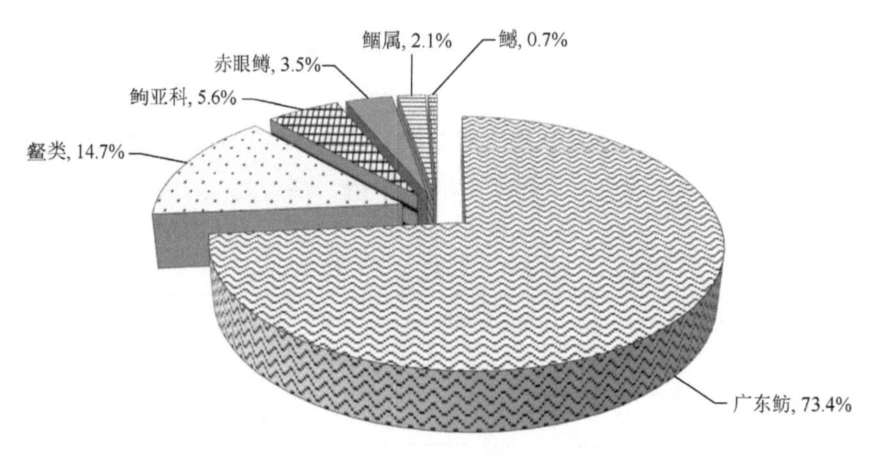

图 3-43 2006 年 6 月 29 日仔鱼群落结构组成

44. 2006年7月1日环境特征及仔鱼群落结构组成

2006年7月1日天气和水文状况见表3-44。当天采集到5种（类）仔鱼，相对多度由高至低依次为广东鲂、赤眼鳟、草鱼、鲴属、鲌类（图3-44）。

表3-44 2006年7月1日天气和水文状况

平均风速/(m/s)	最大风速/(m/s)	20～8时降水量/mm	8～20时降水量/mm	20～20时累计降水量/mm
1.9	6.8	—	0.4	0.4
平均气温/℃	日最高气温/℃	日最低气温/℃	流量/(m³/s)	水位/m
29.5	33.1	26.8	13 300	3.43

注：—表示微量

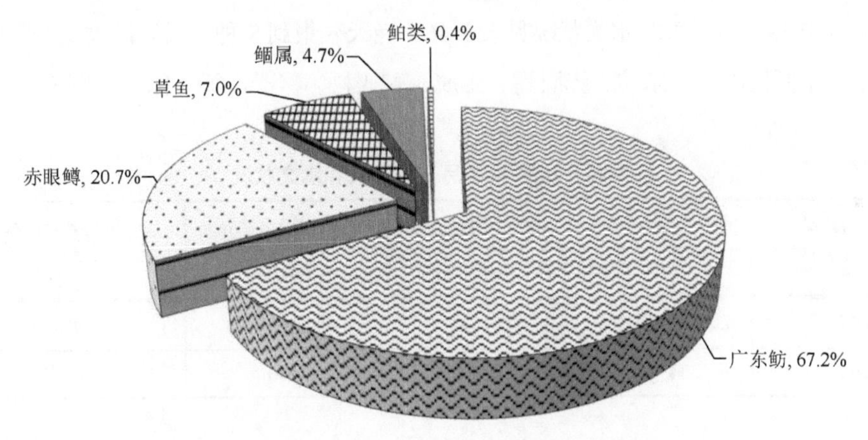

图3-44 2006年7月1日仔鱼群落结构组成

45. 2006年7月5日环境特征及仔鱼群落结构组成

2006年7月5日天气和水文状况见表3-45。当天采集到8种（类）仔鱼，主要种类相对多度由高至低依次为广东鲂、鲴属、赤眼鳟、草鱼、鳡、鮈亚科、鳅类等（图3-45）。

表3-45 2006年7月5日天气和水文状况

平均风速/(m/s)	最大风速/(m/s)	20～8时降水量/mm	8～20时降水量/mm	20～20时累计降水量/mm
2.7	5.2	8.3	10.7	19.0
平均气温/℃	日最高气温/℃	日最低气温/℃	流量/(m³/s)	水位 m
28.5	32.5	26.4	6800	1.36

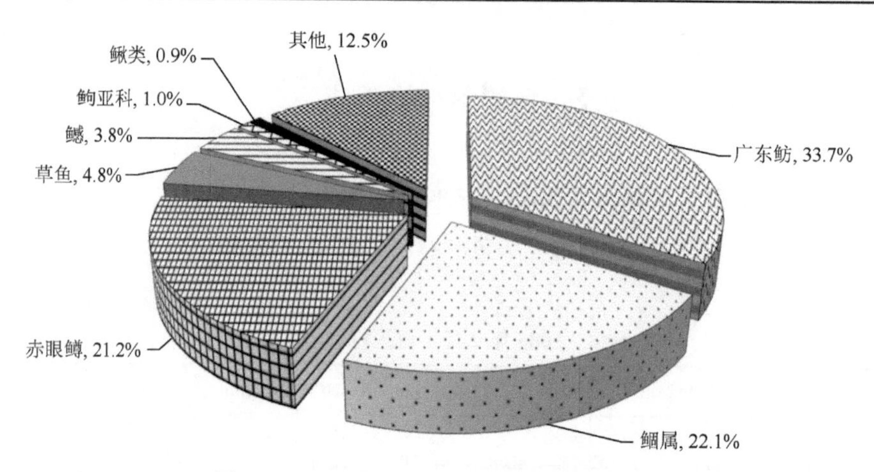

图 3-45　2006 年 7 月 5 日仔鱼群落结构组成

46. 2006年7月7日环境特征及仔鱼群落结构组成

2006 年 7 月 7 日天气和水文状况见表 3-46。当天采集到 8 种（类）仔鱼，主要种类相对多度由高至低依次为广东鲂、赤眼鳟、鲴属、鮈亚科、鳘类、鱤、鳍等（图 3-46）。

表 3-46　2006 年 7 月 7 日天气和水文状况

平均风速/(m/s)	最大风速/(m/s)	20～8 时降水量/mm	8～20 时降水量/mm	20～20 时累计降水量/mm
1.4	6.4	0.0	0.0	0.0
平均气温/℃	日最高气温/℃	日最低气温/℃	流量/(m³/s)	水位/m
30.5	34.8	27.2	6400	1.19

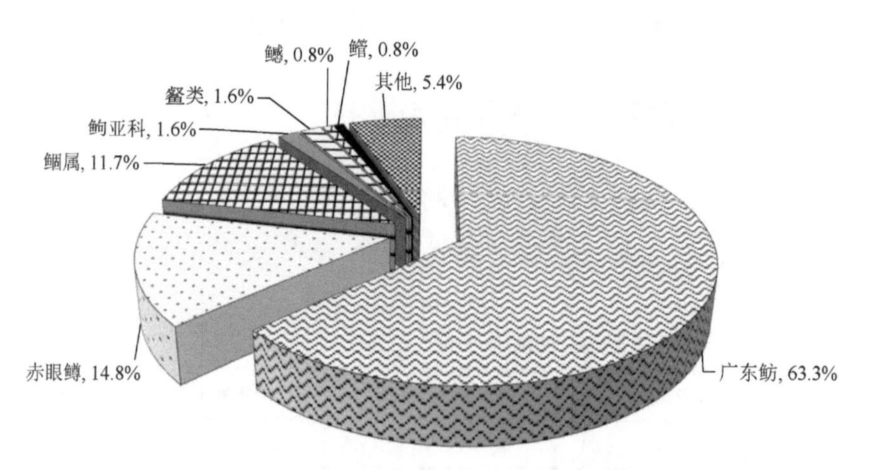

图 3-46　2006 年 7 月 7 日仔鱼群落结构组成

47. 2006年7月11日环境特征及仔鱼群落结构组成

2006年7月11日天气和水文状况见表3-47。当天采集到8种（类）仔鱼，主要种类相对多度由高至低依次为广东鲂、赤眼鳟、飘鱼属、鲌类、鳘类、鳙、鳡等（图3-47）。

表3-47　2006年7月11日天气和水文状况

平均风速/(m/s)	最大风速/(m/s)	20～8时降水量/mm	8～20时降水量/mm	20～20时累计降水量/mm
0.7	10.7	0.0	25.6	25.6
平均气温/℃	日最高气温/℃	日最低气温/℃	流量/(m^3/s)	水位/m
29.6	33.8	26.1	10 700	2.61

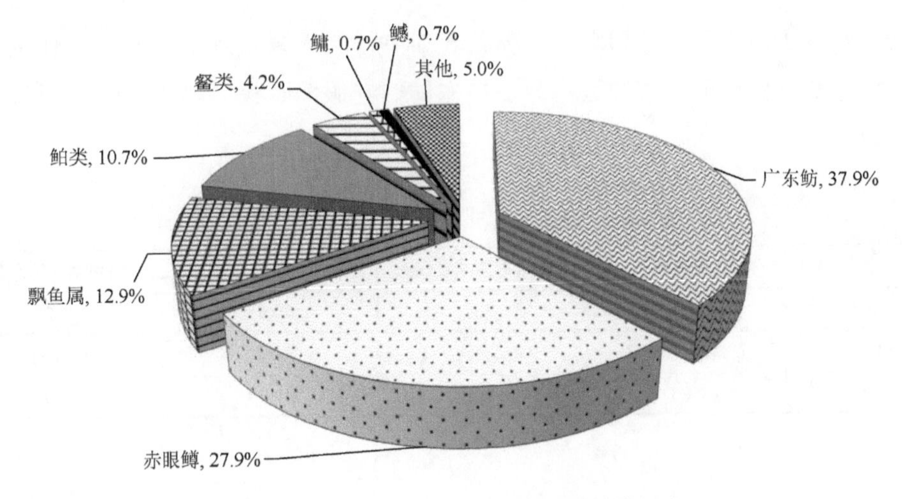

图3-47　2006年7月11日仔鱼群落结构组成

48. 2006年7月13日环境特征及仔鱼群落结构组成

2006年7月13日天气和水文状况见表3-48。当天采集到6种（类）仔鱼，相对多度由高至低依次为鲴属、广东鲂、赤眼鳟、鲌类、鳘类、虾虎鱼科（图3-48）。

表3-48　2006年7月13日天气和水文状况

平均风速/(m/s)	最大风速/(m/s)	20～8时降水量/mm	8～20时降水量/mm	20～20时累计降水量/mm
2.9	5.0	0.0	—	—
平均气温/℃	日最高气温/℃	日最低气温/℃	流量/(m^3/s)	水位/m
31.9	36.3	28.9	18 800	4.89

注：—表示微量

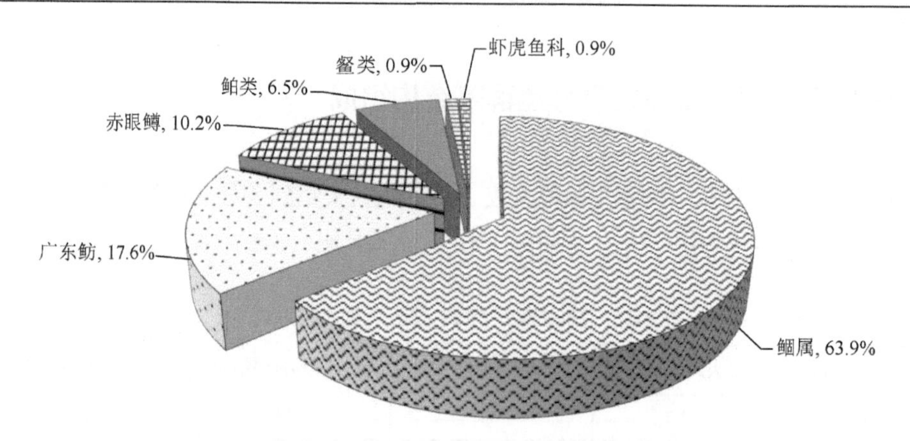

图 3-48　2006 年 7 月 13 日仔鱼群落结构组成

49. 2006年7月15日环境特征及仔鱼群落结构组成

2006 年 7 月 15 日天气和水文状况见表 3-49。当天采集到 8 种（类）仔鱼，主要种类相对多度由高至低依次为鲴属、广东鲂、赤眼鳟、鳙、鳘类、鳡、飘鱼属等（图 3-49）。

表 3-49　2006 年 7 月 15 日天气和水文状况

平均风速/(m/s)	最大风速/(m/s)	20～8 时降水量/mm	8～20 时降水量/mm	20～20 时累计降水量/mm
1.5	4.2	0.1	10.6	10.7
平均气温/℃	日最高气温/℃	日最低气温/℃	流量/(m^3/s)	水位/m
29.0	34.8	26.5	14 000	3.94

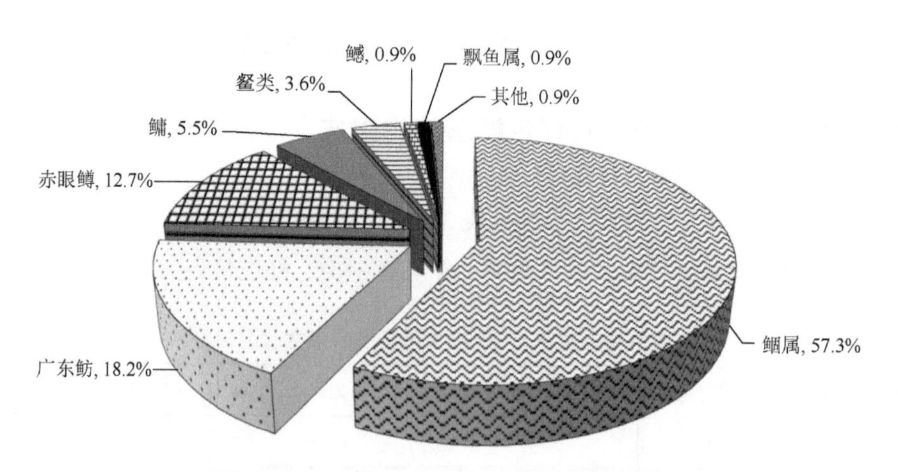

图 3-49　2006 年 7 月 15 日仔鱼群落结构组成

50. 2006年7月23日环境特征及仔鱼群落结构组成

2006 年 7 月 23 日天气和水文状况见表 3-50。当天采集到 9 种（类）仔鱼，相对多度由高至低依次为广东鲂、赤眼鳟、鲴属、鲢、鲮、鳘类、鳙、鲌类、飘鱼属（图 3-50）。

表 3-50　2006 年 7 月 23 日天气和水文状况

平均风速/(m/s)	最大风速/(m/s)	20～8 时降水量/mm	8～20 时降水量/mm	20～20 时累计降水量/mm
1.3	2.9	0.0	0.0	0.0
平均气温/℃	日最高气温/℃	日最低气温/℃	流量/(m^3/s)	水位/m
31.3	36.0	27.8	26 800	6.88

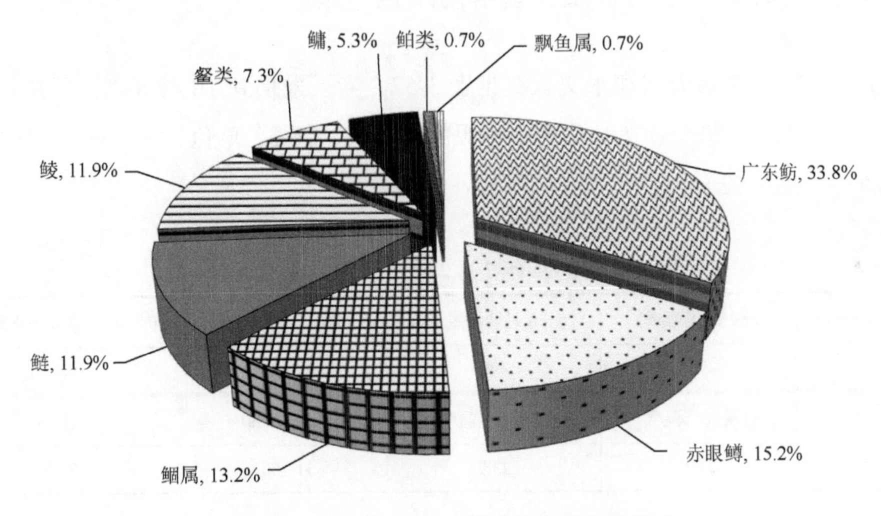

图 3-50　2006 年 7 月 23 日仔鱼群落结构组成

51. 2006年7月25日环境特征及仔鱼群落结构组成

2006 年 7 月 25 日天气和水文状况见表 3-51。当天采集到 6 种（类）仔鱼，相对多度由高至低依次为广东鲂、赤眼鳟、鳘类、飘鱼属、鲌类、虾虎鱼科（图 3-51）。

表 3-51　2006 年 7 月 25 日天气和水文状况

平均风速/(m/s)	最大风速/(m/s)	20～8 时降水量/mm	8～20 时降水量/mm	20～20 时累计降水量/mm
2.5	6.6	0.0	0.0	0.0
平均气温/℃	日最高气温/℃	日最低气温/℃	流量/(m^3/s)	水位/m
32.3	37.7	29.3	19 200	4.89

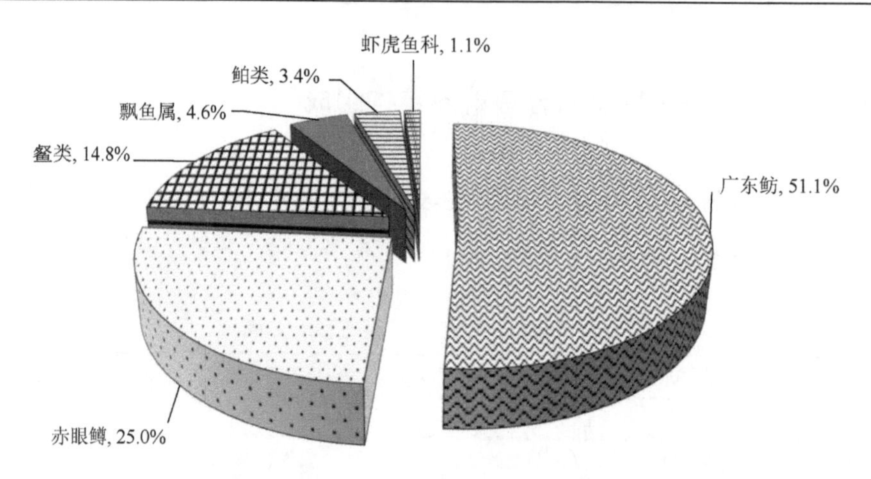

图 3-51　2006 年 7 月 25 日仔鱼群落结构组成

52. 2006年7月27日环境特征及仔鱼群落结构组成

2006 年 7 月 27 日天气和水文状况见表 3-52。当天采集到 10 种（类）仔鱼，主要种类相对多度由高至低依次为广东鲂、赤眼鳟、鲴属、鳘类、草鱼、鮈亚科、虾虎鱼科、鳤、鳜属等（图 3-52）。

表 3-52　2006 年 7 月 27 日天气和水文状况

平均风速/(m/s)	最大风速/(m/s)	20～8 时降水量/mm	8～20 时降水量/mm	20～20 时累计降水量/mm
2	3.8	49.8	17.6	67.4
平均气温/℃	日最高气温/℃	日最低气温/℃	流量/(m^3/s)	水位/m
24.7	27.1	23.9	11 100	2.70

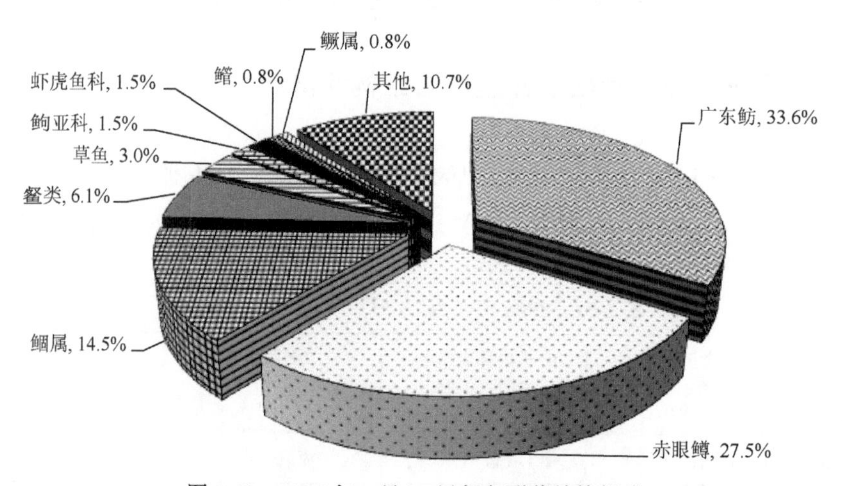

图 3-52　2006 年 7 月 27 日仔鱼群落结构组成

53. 2006年7月31日环境特征及仔鱼群落结构组成

2006年7月31日天气和水文状况见表3-53。当天采集到12种（类）仔鱼，主要种类相对多度由高至低依次为广东鲂、赤眼鳟、鲴属、鳙、飘鱼属、草鱼、鲮、鮈亚科、鳡、鳜属、鳅类等（图3-53）。

表3-53　2006年7月31日天气和水文状况

平均风速/(m/s)	最大风速/(m/s)	20～8时降水量/mm	8～20时降水量/mm	20～20时累计降水量/mm
1.0	4.1	0.0	—	—
平均气温/℃	日最高气温/℃	日最低气温/℃	流量/(m³/s)	水位/m
28	32.3	24.7	13 400	3.26

注：—表示微量

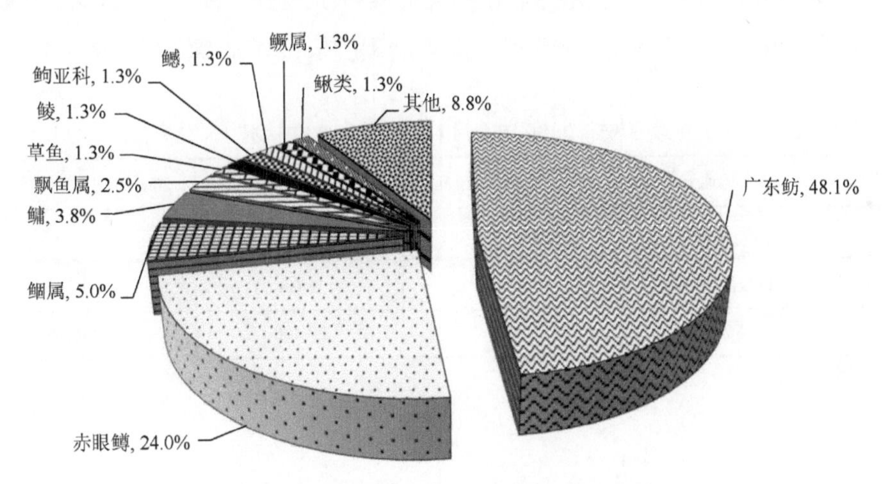

图3-53　2006年7月31日仔鱼群落结构组成

54. 2006年8月2日环境特征及仔鱼群落结构组成

2006年8月2日天气和水文状况见表3-54。当天采集到6种（类）仔鱼，相对多度由高至低依次为广东鲂、赤眼鳟、鳘类、草鱼、鳜属、鳍（图3-54）。

表3-54　2006年8月2日天气和水文状况

平均风速/(m/s)	最大风速/(m/s)	20～8时降水量/mm	8～20时降水量/mm	20～20时累计降水量/mm
5.9	11.1	0.0	3.1	3.1
平均气温/℃	日最高气温/℃	日最低气温/℃	流量/(m³/s)	水位/m
29.4	32.1	26.9	10 700	2.47

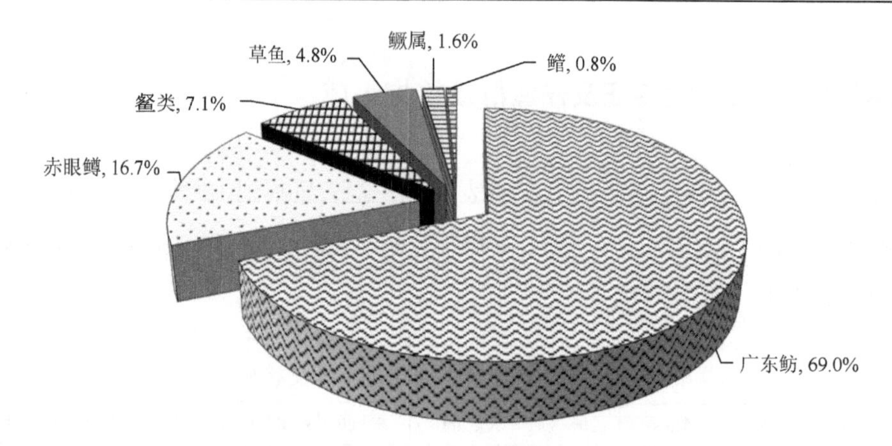

图 3-54　2006 年 8 月 2 日仔鱼群落结构组成

55. 2006年8月6日环境特征及仔鱼群落结构组成

2006 年 8 月 6 日的天气和水文状况见表 3-55。当天采集到 7 种（类）仔鱼，主要种类相对多度由高至低依次为广东鲂、赤眼鳟、鳘类、飘鱼属、草鱼、鳜属等（图 3-55）。

表 3-55　2006 年 8 月 6 日天气和水文状况

平均风速/(m/s)	最大风速/(m/s)	20～8 时降水量/mm	8～20 时降水量/mm	20～20 时累计降水量/mm
1.9	6.5	—	0.1	0.1
平均气温/℃	日最高气温/℃	日最低气温/℃	流量/(m^3/s)	水位/m
27.4	29.4	25.6	20 400	6.39

注：—表示微量

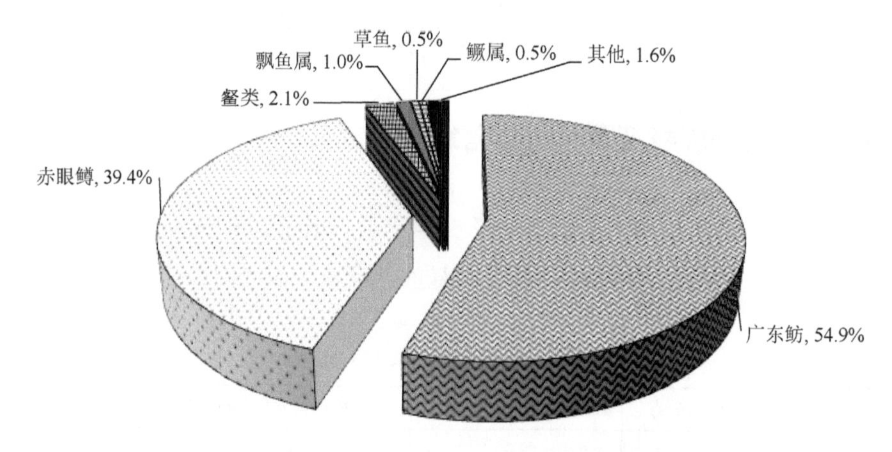

图 3-55　2006 年 8 月 6 日仔鱼群落结构组成

56. 2006年8月8日环境特征及仔鱼群落结构组成

2006 年 8 月 8 日天气和水文状况见表 3-56。当天采集到 7 种（类）仔鱼，主要种类相对多度由高至低依次为鲴属、广东鲂、草鱼、鲢、赤眼鳟、鳜属等（图 3-56）。

表 3-56　2006 年 8 月 8 日天气和水文状况

平均风速/(m/s)	最大风速/(m/s)	20～8 时降水量/mm	8～20 时降水量/mm	20～20 时累计降水量/mm
0.7	3.7	0.0	0.0	0.0
平均气温/℃	日最高气温/℃	日最低气温/℃	流量/(m^3/s)	水位/m
29.1	33.3	25.9	26 200	6.92

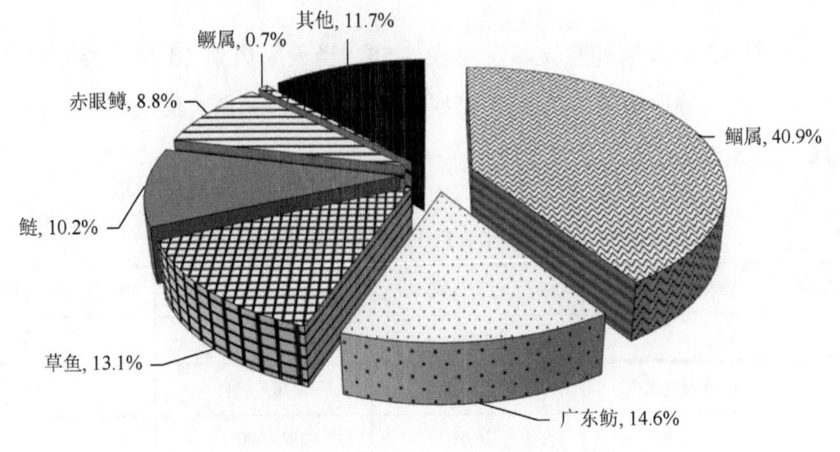

图 3-56　2006 年 8 月 8 日仔鱼群落结构组成

57. 2006年8月10日环境特征及仔鱼群落结构组成

2006 年 8 月 10 日天气和水文状况见表 3-57。当天采集到 7 种（类）仔鱼，相对多度由高至低依次为广东鲂、赤眼鳟、鲴属、鲮、鲢、鳘类、鳙（图 3-57）。

表 3-57　2006 年 8 月 10 日天气和水文状况

平均风速/(m/s)	最大风速/(m/s)	20～8 时降水量/mm	8～20 时降水量/mm	20～20 时累计降水量/mm
2.2	4.9	0.2	0.1	0.3
平均气温/℃	日最高气温/℃	日最低气温/℃	流量/(m^3/s)	水位/m
29.8	35.3	27	25 800	6.90

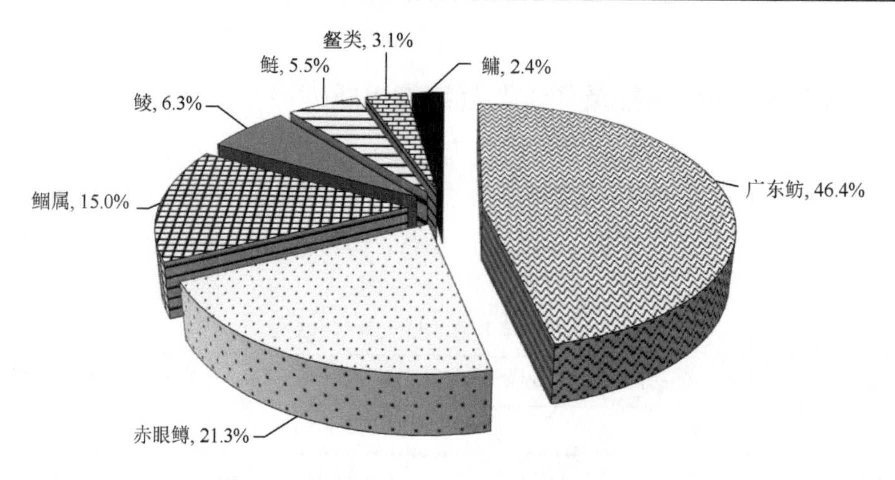

图 3-57　2006 年 8 月 10 日仔鱼群落结构组成

58. 2006年8月12日环境特征及仔鱼群落结构组成

2006 年 8 月 12 日天气和水文状况见表 3-58。当天采集到 10 种（类）仔鱼，相对多度由高至低依次为赤眼鳟、广东鲂、鲴属、鳌类、鲢、鳜属、鲌类、鮈亚科、虾虎鱼科、飘鱼属（图 3-58）。

表 3-58　2006 年 8 月 12 日天气和水文状况

平均风速/(m/s)	最大风速/(m/s)	20～8 时降水量/mm	8～20 时降水量/mm	20～20 时累计降水量/mm
1.2	5.5	0.0	7.7	7.7
平均气温/℃	日最高气温/℃	日最低气温/℃	流量/(m^3/s)	水位/m
28.5	31.6	26.6	24 600	6.66

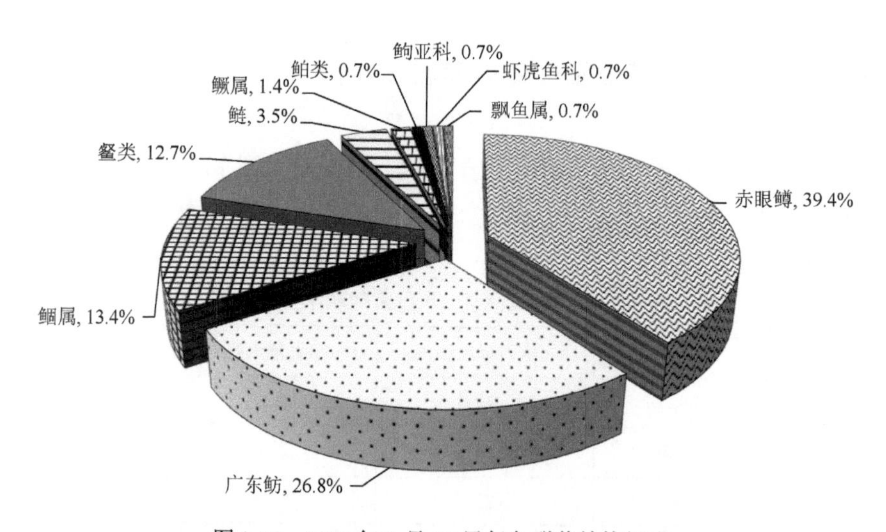

图 3-58　2006 年 8 月 12 日仔鱼群落结构组成

59. 2006年8月14日环境特征及仔鱼群落结构组成

2006年8月14日天气和水文状况见表3-59。当天采集到11种（类）仔鱼，主要种类相对多度由高至低依次为鲢、广东鲂、赤眼鳟、鲴属、鮈亚科、鳅类、䱗类、飘鱼属、鳜属、虾虎鱼科等（图3-59）。

表3-59　2006年8月14日天气和水文状况

平均风速/(m/s)	最大风速/(m/s)	20～8时降水量/mm	8～20时降水量/mm	20～20时累计降水量/mm
1.0	3.6	0.0	—	—
平均气温/℃	日最高气温/℃	日最低气温/℃	流量/(m³/s)	水位/m
29.9	32.8	27	20 000	5.41

注：—表示微量

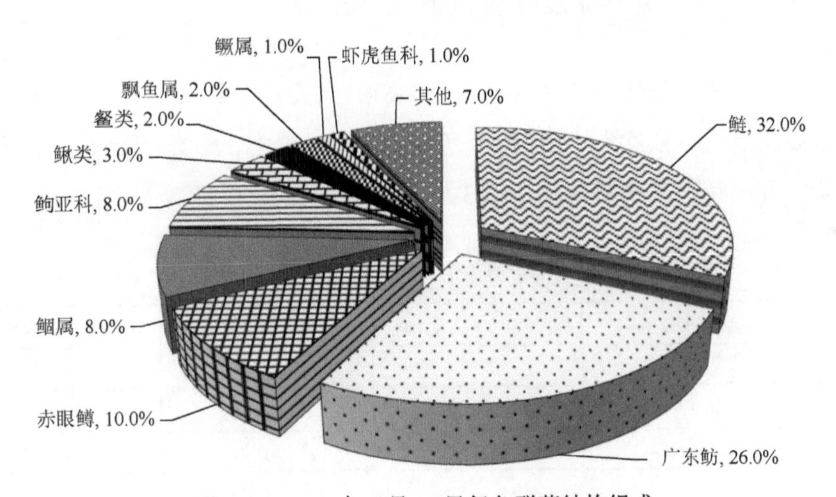

图3-59　2006年8月14日仔鱼群落结构组成

60. 2006年8月16日环境特征及仔鱼群落结构组成

2006年8月16日天气和水文状况见表3-60。当天采集到13种（类）仔鱼，主要种类相对多度由高至低依次为鲢、鮈亚科、草鱼、广东鲂、鳙、鲴属、赤眼鳟、飘鱼属、䱗类、鲮、鳅类、鳜属等（图3-60）。

表3-60　2006年8月16日天气和水文状况

平均风速/(m/s)	最大风速/(m/s)	20～8时降水量/mm	8～20时降水量/mm	20～20时累计降水量/mm
2.7	4.5	0.0	0.0	0.0
平均气温/℃	日最高气温/℃	日最低气温/℃	流量/(m³/s)	水位/m
29.6	33.5	26.7	13 900	3.65

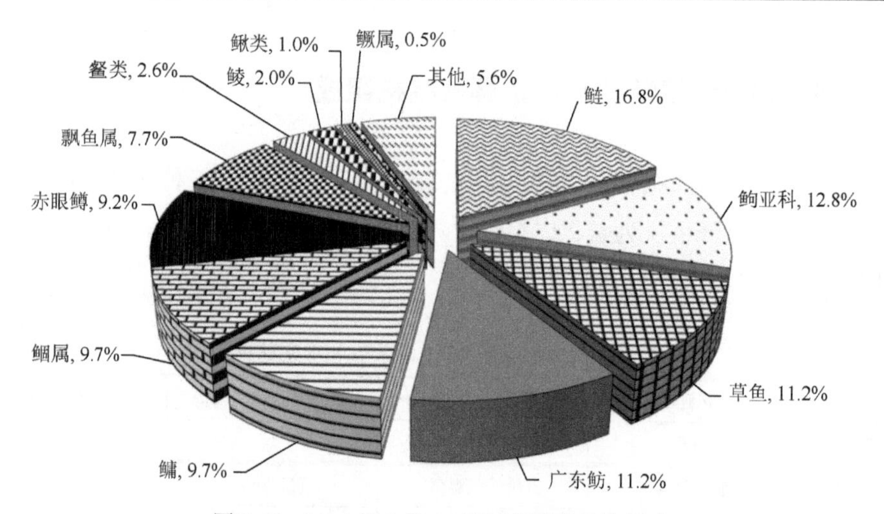

图 3-60　2006 年 8 月 16 日仔鱼群落结构组成

61. 2006年8月18日环境特征及仔鱼群落结构组成

2006 年 8 月 18 日天气和水文状况见表 3-61。当天采集到 13 种（类）仔鱼，主要种类相对多度由高至低依次为赤眼鳟、广东鲂、鲴属、鳘类、鲌类、青鱼、鲢、鮈亚科、鳜属、鳅类、虾虎鱼科、飘鱼属等（图 3-61）。

表 3-61　2006 年 8 月 18 日天气和水文状况

平均风速/(m/s)	最大风速/(m/s)	20～8 时降水量/mm	8～20 时降水量/mm	20～20 时累计降水量/mm
3.4	8.5	0.0	12.1	12.1
平均气温/℃	日最高气温/℃	日最低气温/℃	流量/(m³/s)	水位/m
29.5	35	27.3	10 800	2.46

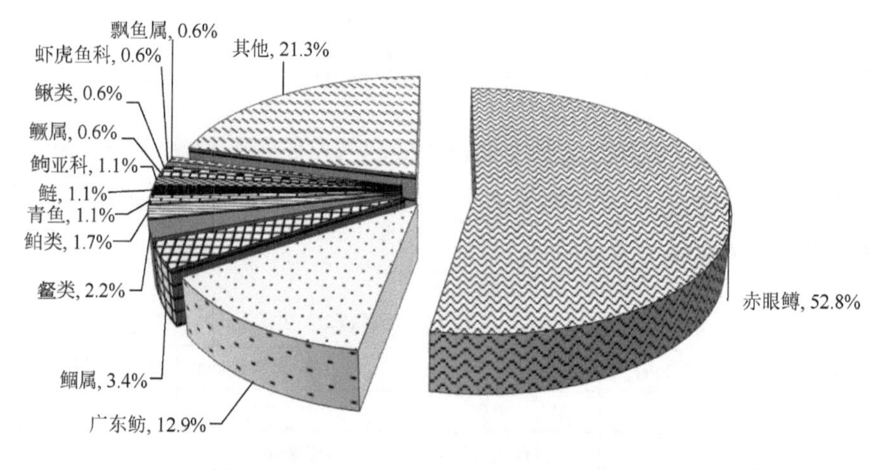

图 3-61　2006 年 8 月 18 日仔鱼群落结构组成

62. 2006年8月20日环境特征及仔鱼群落结构组成

2006 年 8 月 20 日天气和水文状况见表 3-62。当天采集到 8 种（类）仔鱼，主要种类相对多度由高至低依次为赤眼鳟、广东鲂、虾虎鱼科、鲴属、鳜属、草鱼、鲢等（图 3-62）。

表 3-62　2006 年 8 月 20 日天气和水文状况

平均风速/(m/s)	最大风速/(m/s)	20～8 时降水量/mm	8～20 时降水量/mm	20～20 时累计降水量/mm
1.7	3.7	0.0	0.0	0.0
平均气温/℃	日最高气温/℃	日最低气温/℃	流量/(m^3/s)	水位/m
30.0	34.8	27.2	9300	1.84

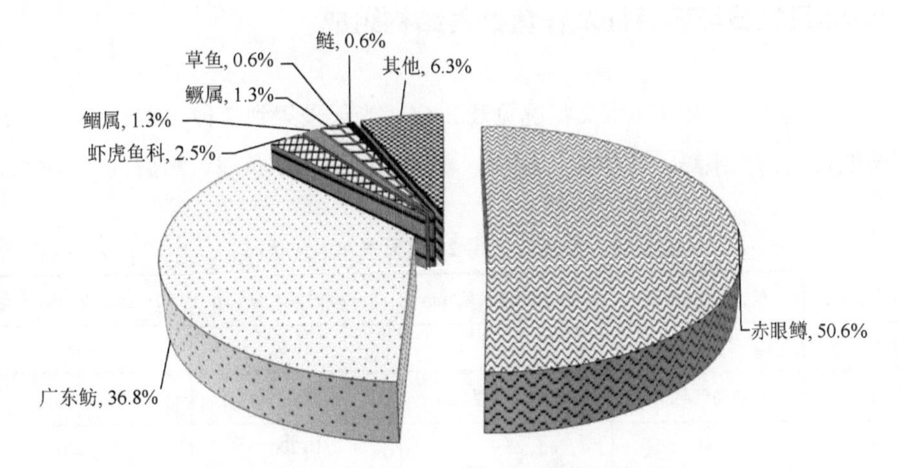

图 3-62　2006 年 8 月 20 日仔鱼群落结构组成

63. 2006年8月22日环境特征及仔鱼群落结构组成

2006 年 8 月 22 日天气和水文状况见表 3-63。当天采集到 10 种（类）仔鱼，主要种类相对多度由高至低依次为赤眼鳟、广东鲂、飘鱼属、鳘类、鲌类、鮈亚科、鲴属、鳜属、鳅类等（图 3-63）。

表 3-63　2006 年 8 月 22 日天气和水文状况

平均风速/(m/s)	最大风速/(m/s)	20～8 时降水量/mm	8～20 时降水量/mm	20～20 时累计降水量/mm
1.9	6.6	0.0	0.0	0.0
平均气温/℃	日最高气温/℃	日最低气温/℃	流量/(m^3/s)	水位/m
28.9	32.9	24.9	9300	1.85

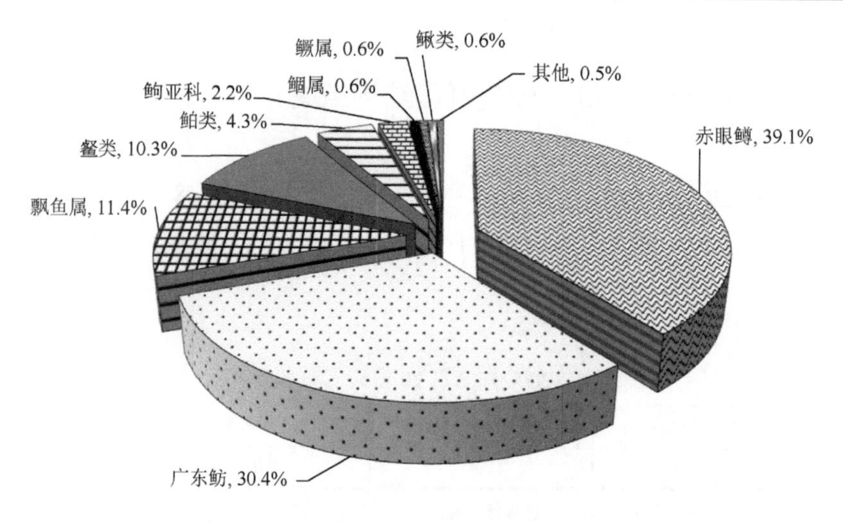

图 3-63　2006 年 8 月 22 日仔鱼群落结构组成

64. 2006年8月24日环境特征及仔鱼群落结构组成

2006 年 8 月 24 日天气和水文状况见表 3-64。当天采集到 7 种（类）仔鱼，相对多度由高至低依次为赤眼鳟、广东鲂、鲴属、鳘类、鲌类、飘鱼属、鳜属（图 3-64）。

表 3-64　2006 年 8 月 24 日天气和水文状况

平均风速/(m/s)	最大风速/(m/s)	20～8 时降水量/mm	8～20 时降水量/mm	20～20 时累计降水量/mm
2.3	8.7	0.0	18.6	18.6
平均气温/℃	日最高气温/℃	日最低气温/℃	流量/(m^3/s)	水位/m
28.5	33.0	25.9	10 200	2.18

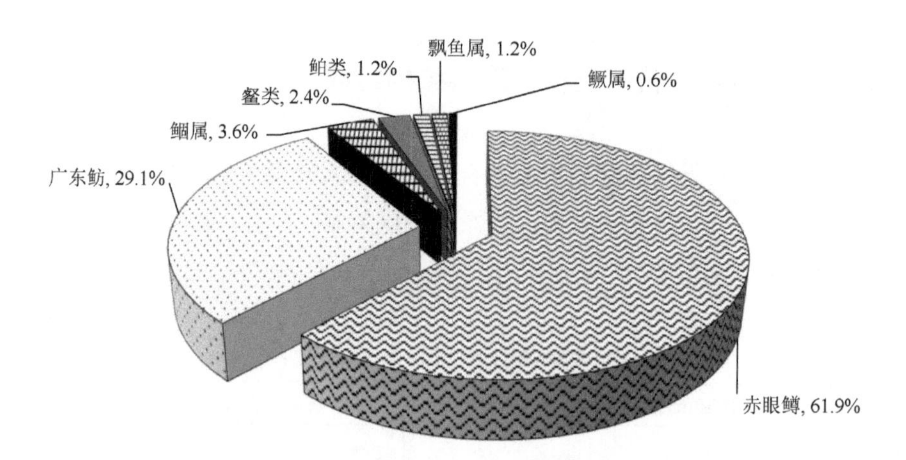

图 3-64　2006 年 8 月 24 日仔鱼群落结构组成

65. 2006年8月26日环境特征及仔鱼群落结构组成

2006年8月26日天气和水文状况见表3-65。当天采集到8种（类）仔鱼，主要种类相对多度由高至低依次为赤眼鳟、广东鲂、鲴属、飘鱼属、鳘类、鳜属、鳅类等（图3-65）。

表3-65 2006年8月26日天气和水文状况

平均风速/(m/s)	最大风速/(m/s)	20～8时降水量/mm	8～20时降水量/mm	20～20时累计降水量/mm
2.0	3.8	1.6	0.5	2.1
平均气温/℃	日最高气温/℃	日最低气温/℃	流量/(m^3/s)	水位/m
26.8	28.0	25.9	9800	2.03

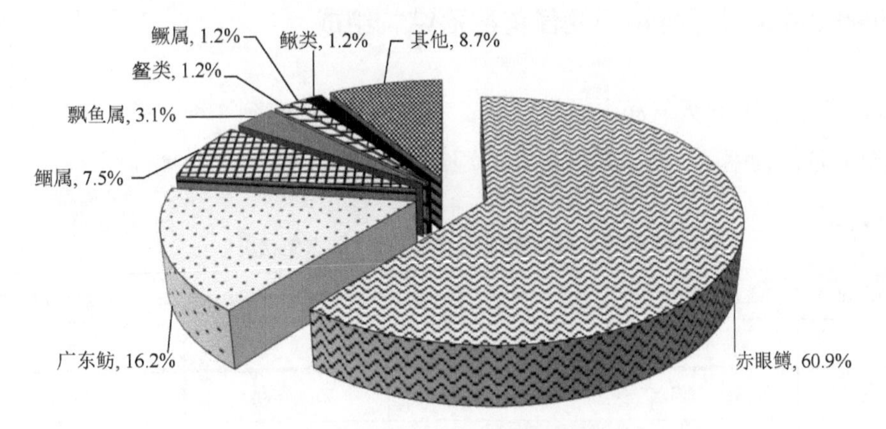

图3-65 8月26日仔鱼群落结构组成

66. 2006年8月28日环境特征及仔鱼群落结构组成

2006年8月28日天气和水文状况见表3-66。当天采集到11种（类）仔鱼，主要种类相对多度由高至低依次为广东鲂、赤眼鳟、鮈亚科、鳘类、鲮、鲴属、飘鱼属、鲌类、鳙、鳜属等（图3-66）。

表3-66 2006年8月28日天气和水文状况

平均风速/(m/s)	最大风速/(m/s)	20～8时降水量/mm	8～20时降水量/mm	20～20时累计降水量/mm
2.3	11.0	10.7	16.7	27.4
平均气温/℃	日最高气温/℃	日最低气温/℃	流量/(m^3/s)	水位/m
27.4	31.9	24.7	11 700	2.67

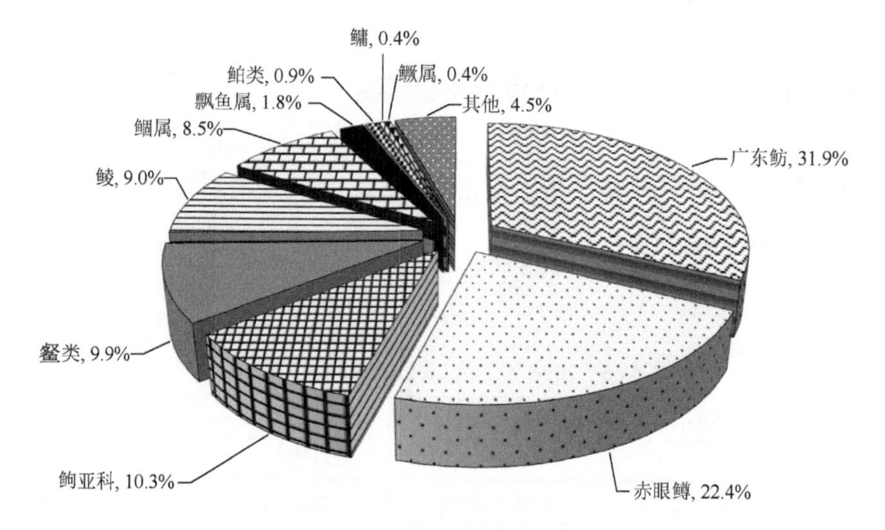

图 3-66　2006 年 8 月 28 日仔鱼群落结构组成

67. 2006年8月30日环境特征及仔鱼群落结构组成

2006 年 8 月 30 日天气和水文状况见表 3-67。当天采集到 7 种（类）仔鱼，相对多度由高至低依次为鲴属、鲮、广东鲂、赤眼鳟、鳘类、鳅类、飘鱼属（图 3-67）。

表 3-67　2006 年 8 月 30 日天气和水文状况

平均风速/(m/s)	最大风速/(m/s)	20～8 时降水量/mm	8～20 时降水量/mm	20～20 时累计降水量/mm
1.7	4.2	0.0	0.0	0.0
平均气温/℃	日最高气温/℃	日最低气温/℃	流量/(m^3/s)	水位/m
29.3	33.4	26.0	9300	1.84

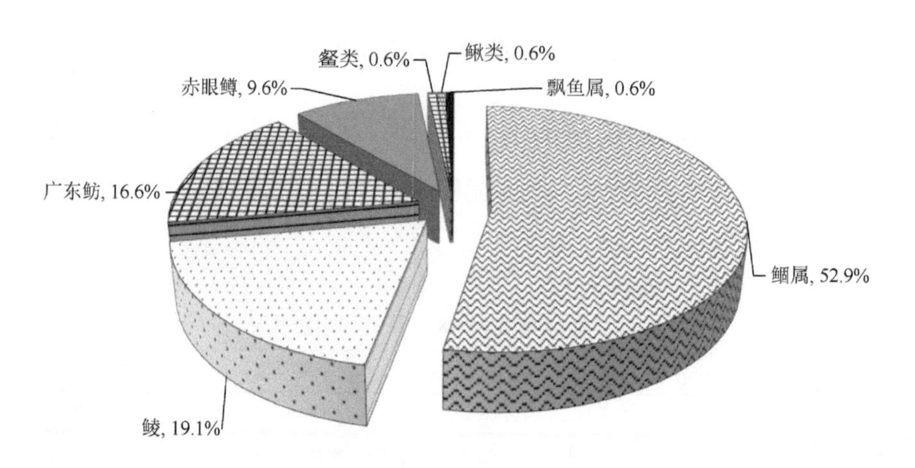

图 3-67　2006 年 8 月 30 日仔鱼群落结构组成

68. 2006年9月1日环境特征及仔鱼群落结构组成

2006 年 9 月 1 日天气和水文状况见表 3-68。当天采集到 10 种（类）仔鱼，主要种类相对多度由高至低依次为赤眼鳟、广东鲂、鲢、鲴属、鳘类、鮈亚科、飘鱼属、鳜属、鳅类等（图 3-68）。

表 3-68　2006 年 9 月 1 日天气和水文状况

平均风速/(m/s)	最大风速/(m/s)	20～8 时降水量/mm	8～20 时降水量/mm	20～20 时累计降水量/mm
1.5	4.4	0.0	0.0	0.0
平均气温/℃	日最高气温/℃	日最低气温/℃	流量/(m^3/s)	水位/m
30.9	36	26.8	8000	1.35

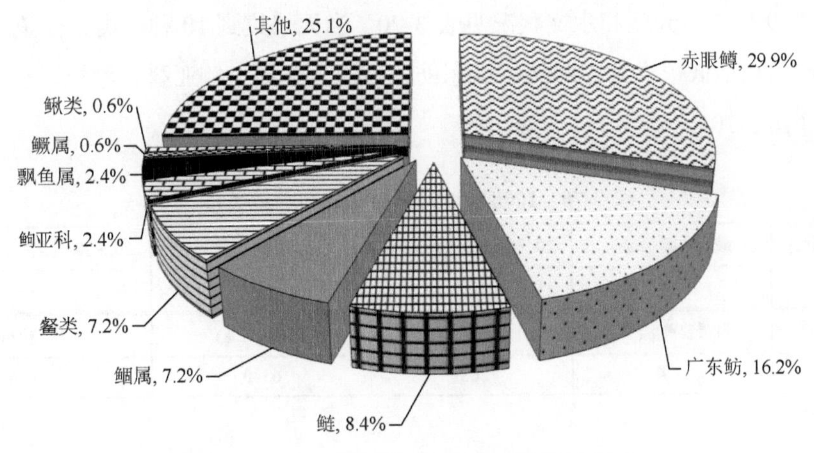

图 3-68　2006 年 9 月 1 日仔鱼群落结构组成

69. 2006年9月3日环境特征及仔鱼群落结构组成

2006 年 9 月 3 日天气和水文状况见表 3-69。当天采集到 8 种（类）仔鱼，相对多度由高至低依次为鲴属、广东鲂、鲮、赤眼鳟、鳘类、飘鱼属、鳜属、鳅类（图 3-69）。

表 3-69　2006 年 9 月 3 日天气和水文状况

平均风速/(m/s)	最大风速/(m/s)	20～8 时降水量/mm	8～20 时降水量/mm	20～20 时累计降水量/mm
1.8	5.8	0.0	—	—
平均气温/℃	日最高气温/℃	日最低气温/℃	流量/(m^3/s)	水位 m
29.9	33.6	27.8	7300	1.11

注：—表示微量

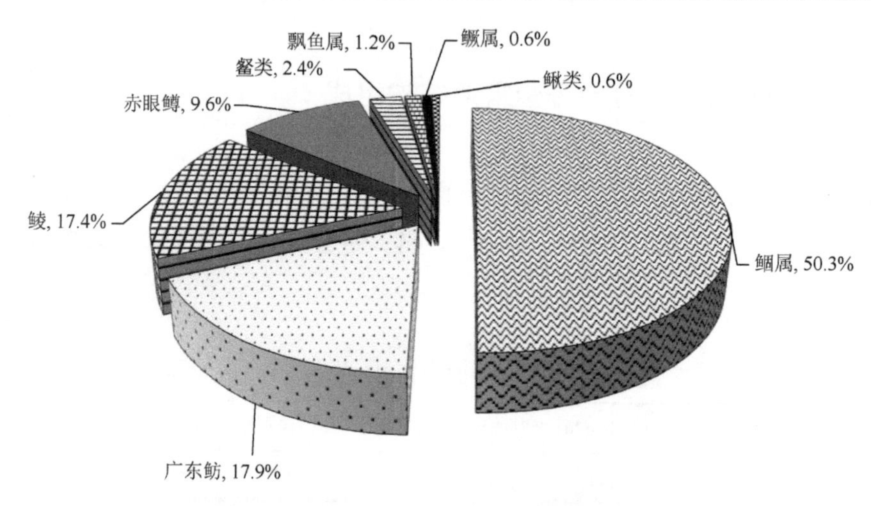

图 3-69　2006 年 9 月 3 日仔鱼群落结构组成

70. 2006年9月5日环境特征及仔鱼群落结构组成

2006 年 9 月 5 日天气和水文状况见表 3-70。当天采集到 10 种（类）仔鱼，主要种类相对多度由高至低依次为赤眼鳟、广东鲂、鳘类、鲴属、鮈亚科、鲌类、鳙、鳜属、飘鱼属等（图 3-70）。

表 3-70　2006 年 9 月 5 日天气和水文状况

平均风速/(m/s)	最大风速/(m/s)	20～8 时降水量/mm	8～20 时降水量/mm	20～20 时累计降水量/mm
1.5	5.6	0.0	—	—
平均气温/℃	日最高气温/℃	日最低气温/℃	流量/(m^3/s)	水位/m
29.0	34.4	26.6	6330	0.76

注：—表示微量

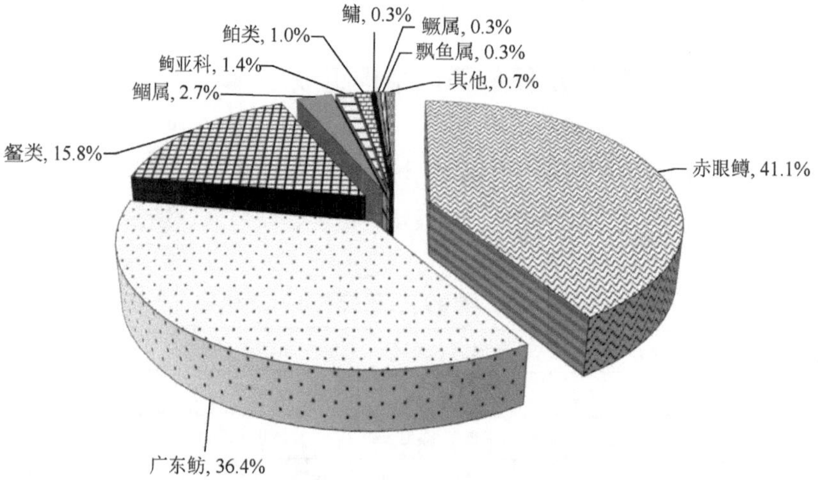

图 3-70　2006 年 9 月 5 日仔鱼群落结构组成

71. 2006年9月7日环境特征及仔鱼群落结构组成

2006 年 9 月 7 日天气和水文状况见表 3-71。当天采集到 7 种（类）仔鱼，主要种类相对多度由高至低依次为广东鲂、赤眼鳟、鳘类、鲴属、鳜属、虾虎鱼科等（图 3-71）。

表 3-71　2006 年 9 月 7 日天气和水文状况

平均风速/(m/s)	最大风速/(m/s)	20～8 时降水量/mm	8～20 时降水量/mm	20～20 时累计降水量/mm
1.5	3.7	0.0	—	—
平均气温/℃	日最高气温/℃	日最低气温/℃	流量/(m^3/s)	水位/m
28.4	33.0	25.4	6600	0.86

注：—表示微量

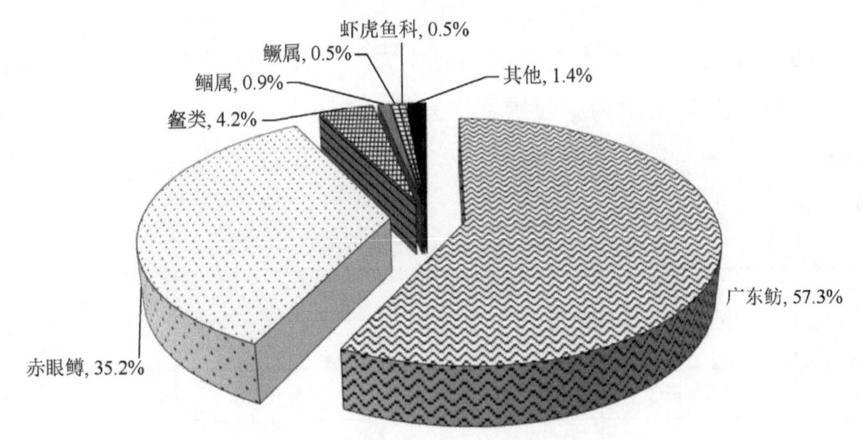

图 3-71　2006 年 9 月 7 日仔鱼群落结构组成

72. 2006年9月9日环境特征及仔鱼群落结构组成

2006 年 9 月 9 日天气和水文状况见表 3-72。当天采集到 7 种（类）仔鱼，相对多度由高至低依次为广东鲂、赤眼鳟、鳘类、鲌类、飘鱼属、虾虎鱼科、鳜属（图 3-72）。

表 3-72　2006 年 9 月 9 日天气和水文状况

平均风速/(m/s)	最大风速/(m/s)	20～8 时降水量/mm	8～20 时降水量/mm	20～20 时累计降水量/mm
2.5	6.2	11.1	1.4	12.5
平均气温/℃	日最高气温/℃	日最低气温/℃	流量/(m^3/s)	水位/m
25.6	26.6	24.8	7600	1.17

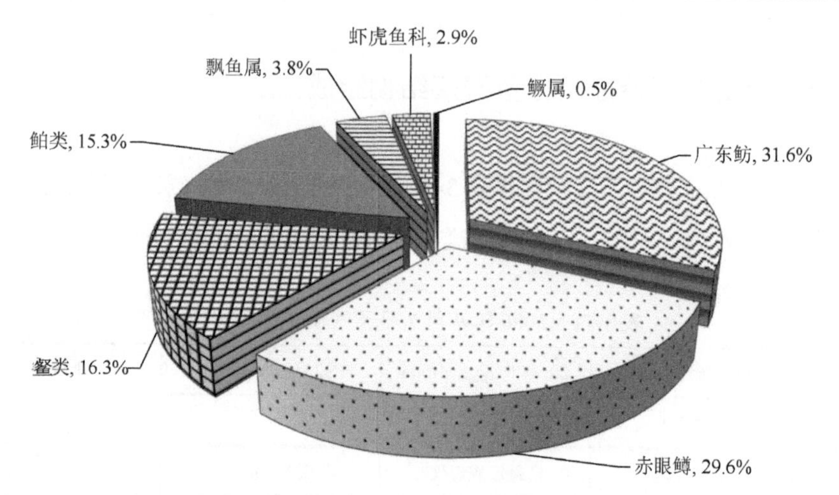

图 3-72　2006 年 9 月 9 日仔鱼群落结构组成

73. 2006年9月11日环境特征及仔鱼群落结构组成

2006 年 9 月 11 日天气和水文状况见表 3-73。当天采集到 7 种（类）仔鱼，主要种类相对多度由高至低依次为赤眼鳟、广东鲂、飘鱼属、鲌类、鳘类、虾虎鱼科等（图 3-73）。

表 3-73　2006 年 9 月 11 日天气和水文状况

平均风速/(m/s)	最大风速/(m/s)	20～8 时降水量/mm	8～20 时降水量/mm	20～20 时累计降水量/mm
3.8	7.2	0.0	0.0	0.0
平均气温/℃	日最高气温/℃	日最低气温/℃	流量/(m^3/s)	水位/m
23.8	28.3	20.4	8000	1.34

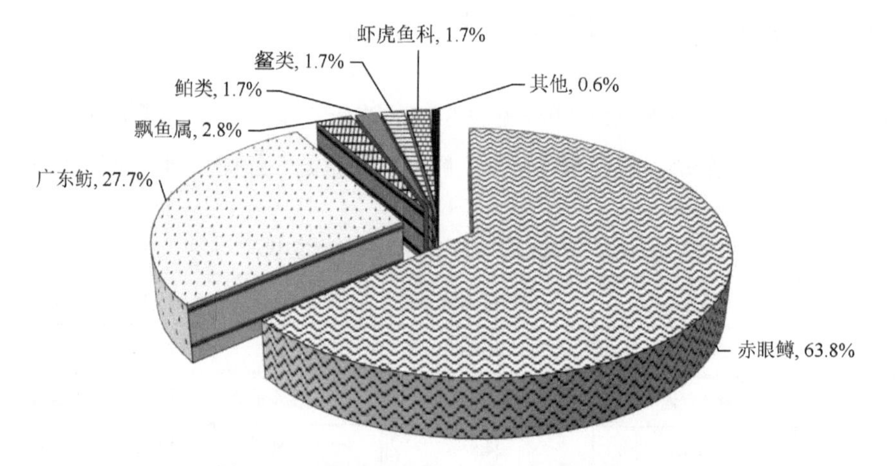

图 3-73　2006 年 9 月 11 日仔鱼群落结构组成

74. 2006年9月13日环境特征及仔鱼群落结构组成

2006 年 9 月 13 日天气和水文状况见表 3-74。当天采集到 4 种（类）仔鱼，相对多度由高至低依次为赤眼鳟、飘鱼属、广东鲂、鲌类（图 3-74）。

表 3-74　2006 年 9 月 13 日天气和水文状况

平均风速/(m/s)	最大风速/(m/s)	20～8 时降水量/mm	8～20 时降水量/mm	20～20 时累计降水量/mm
5.6	9.3	10.5	14.6	25.1
平均气温/℃	日最高气温/℃	日最低气温/℃	流量/(m^3/s)	水位/m
21.6	22.8	19.9	6300	1.47

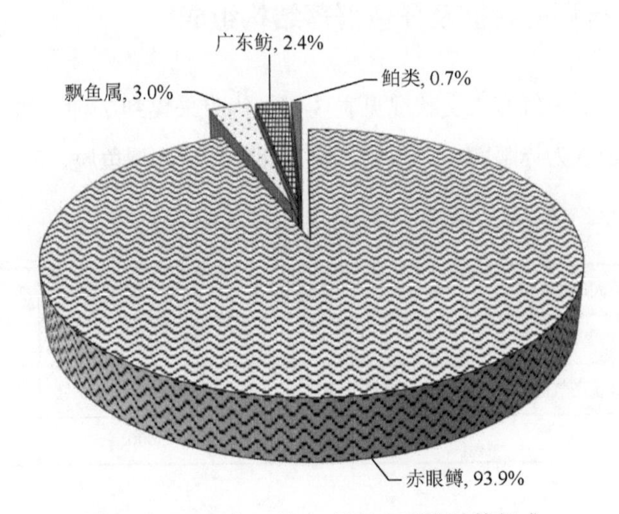

图 3-74　2006 年 9 月 13 日仔鱼群落结构组成

75. 2006年9月15日环境特征及仔鱼群落结构组成

2006 年 9 月 15 日天气和水文状况见表 3-75。当天采集到 6 种（类）仔鱼，相对多度由高至低依次为赤眼鳟、广东鲂、鮈亚科、虾虎鱼科、飘鱼属、鳜属（图 3-75）。

表 3-75　2006 年 9 月 15 日天气和水文状况

平均风速/(m/s)	最大风速/(m/s)	20～8 时降水量/mm	8～20 时降水量/mm	20～20 时累计降水量/mm
2.9	5.9	0.7	—	0.7
平均气温/℃	日最高气温/℃	日最低气温/℃	流量/(m^3/s)	水位/m
25.4	29.4	22.6	5900	1.35

注：—表示微量

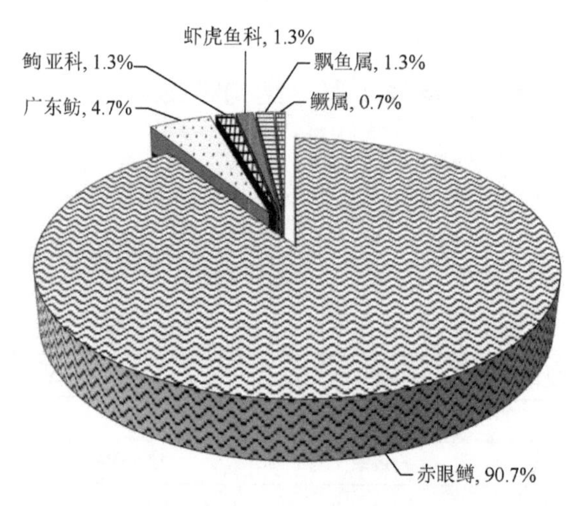

图 3-75　2006 年 9 月 15 日仔鱼群落结构组成

76. 2006年9月17日环境特征及仔鱼群落结构组成

2006 年 9 月 17 日天气和水文状况见表 3-76。当天采集到 7 种（类）仔鱼，主要种类相对多度由高至低依次为赤眼鳟、广东鲂、鲢、虾虎鱼科、飘鱼属、鲌类等（图 3-76）。

表 3-76　2006 年 9 月 17 日天气和水文状况

平均风速/(m/s)	最大风速/(m/s)	20～8 时降水量/mm	8～20 时降水量/mm	20～20 时累计降水量/mm
1.5	3.9	0.0	0.0	0.0
平均气温/℃	日最高气温/℃	日最低气温/℃	流量/(m^3/s)	水位/m
25.8	29.5	22.6	5000	1.00

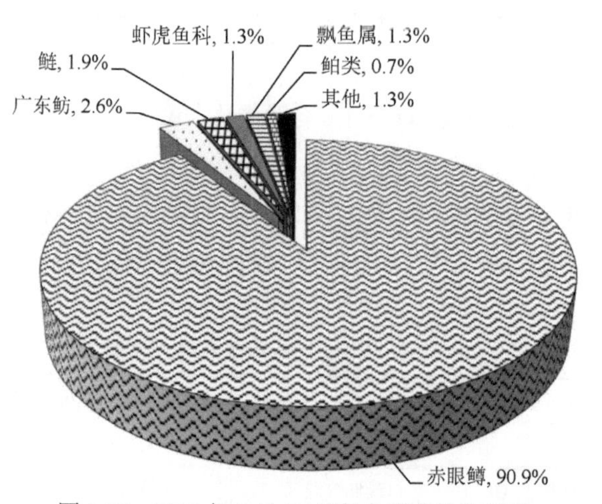

图 3-76　2006 年 9 月 17 日仔鱼群落结构组成

77. 2006年9月21日环境特征及仔鱼群落结构组成

2006 年 9 月 21 日天气和水文状况见表 3-77。当天采集到 8 种（类）仔鱼，主要种类相对多度由高至低依次为赤眼鳟、广东鲂、银鱼科、鲄亚科、鳘类、虾虎鱼科、飘鱼属等（图 3-77）。

表 3-77　2006 年 9 月 21 日天气和水文状况

平均风速/(m/s)	最大风速/(m/s)	20～8 时降水量/mm	8～20 时降水量/mm	20～20 时累计降水量/mm
1.9	5.6	0.0	0.0	0.0
平均气温/℃	日最高气温/℃	日最低气温/℃	流量/(m³/s)	水位/m
26.1	31.0	21.5	4200	0.65

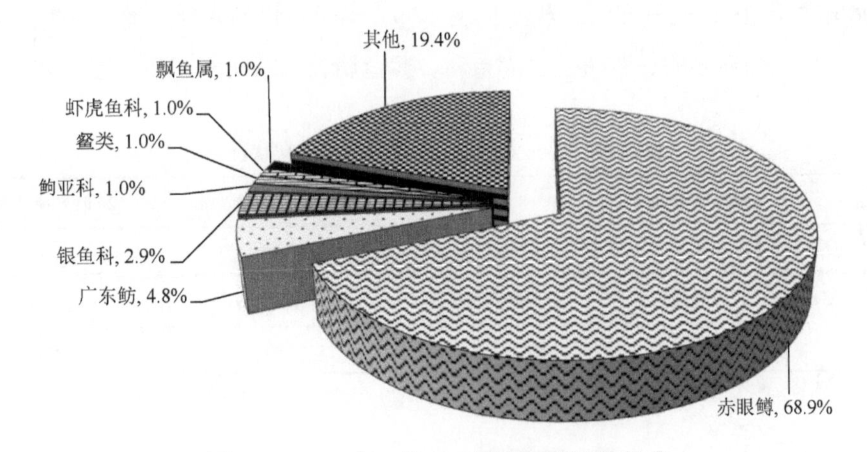

图 3-77　2006 年 9 月 21 日仔鱼群落结构组成

78. 2006年9月23日环境特征及仔鱼群落结构组成

2006 年 9 月 23 日天气和水文状况见表 3-78。当天采集到 7 种（类）仔鱼，主要种类相对多度由高至低依次为赤眼鳟、广东鲂、鳘类、飘鱼属、鲌类、虾虎鱼科等（图 3-78）。

表 3-78　2006 年 9 月 23 日天气和水文状况

平均风速/(m/s)	最大风速/(m/s)	20～8 时降水量/mm	8～20 时降水量/mm	20～20 时累计降水量/mm
2.2	7.9	0.0	0.0	0.0
平均气温/℃	日最高气温/℃	日最低气温/℃	流量/(m³/s)	水位/m
27.1	31.2	23.2	4450	0.76

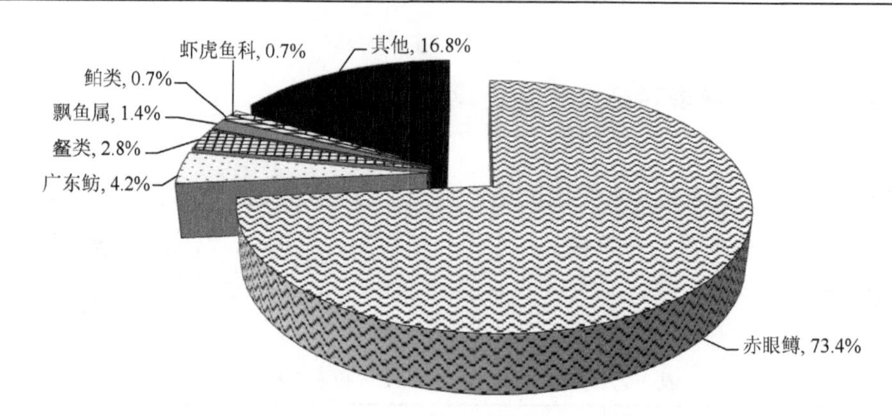

图 3-78 2006 年 9 月 23 日仔鱼群落结构组成

79. 2006年9月25日环境特征及仔鱼群落结构组成

2006 年 9 月 25 日天气和水文状况见表 3-79。当天采集到 6 种（类）仔鱼，相对多度由高至低依次为赤眼鳟、草鱼、虾虎鱼科、飘鱼属、广东鲂、鲌类（图 3-79）。

表 3-79 2006 年 9 月 25 日天气和水文状况

平均风速/(m/s)	最大风速/(m/s)	20～8 时降水量/mm	8～20 时降水量/mm	20～20 时累计降水量/mm
2.6	6.8	0.0	0.0	0.0
平均气温/℃	日最高气温/℃	日最低气温/℃	流量/(m^3/s)	水位/m
28.2	31.7	25.9	4900	0.95

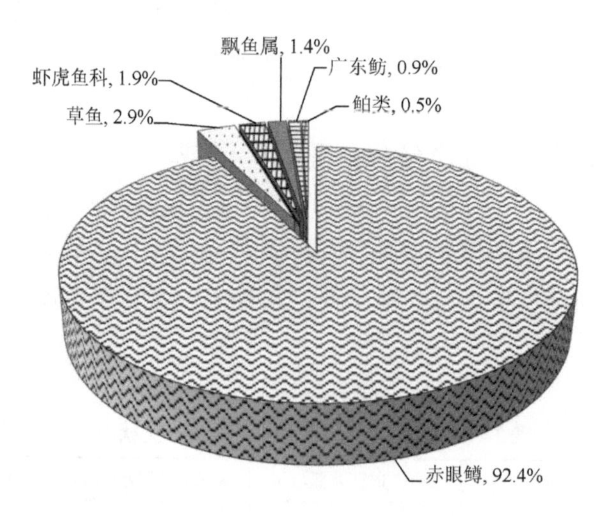

图 3-79 2006 年 9 月 25 日仔鱼群落结构组成

80. 2006年9月27日环境特征及仔鱼群落结构组成

2006 年 9 月 27 日天气和水文状况见表 3-80。当天采集到 5 种（类）仔鱼，相对多度由高至低依次为赤眼鳟、虾虎鱼科、鲌类、广东鲂、飘鱼属（图 3-80）。

表 3-80　2006 年 9 月 27 日天气和水文状况

平均风速/(m/s)	最大风速/(m/s)	20～8 时降水量/mm	8～20 时降水量/mm	20～20 时累计降水量/mm
1.3	3.7	0.0	0.0	0.0
平均气温/℃	日最高气温/℃	日最低气温/℃	流量/(m^3/s)	水位/m
27.7	31.9	24.1	4800	0.91

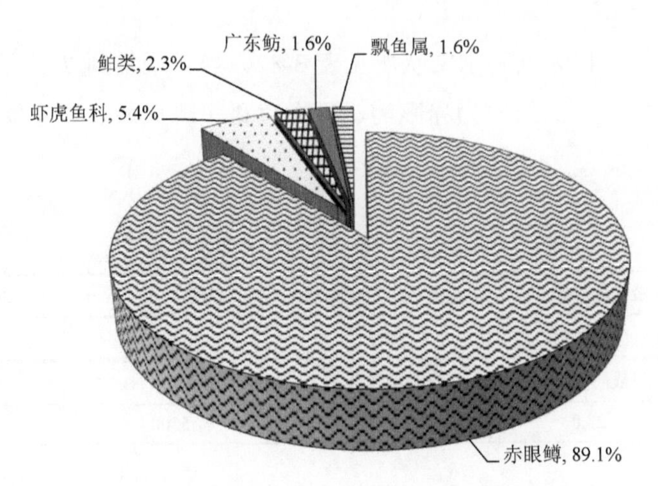

图 3-80　2006 年 9 月 27 日仔鱼群落结构组成

81. 2006年9月29日环境特征及仔鱼群落结构组成

2006 年 9 月 29 日天气和水文状况见表 3-81。当天采集到 5 种（类）仔鱼，主要种类相对多度由高至低依次为赤眼鳟、虾虎鱼科、鲴属、鲌类等（图 3-81）。

表 3-81　2006 年 9 月 29 日天气和水文状况

平均风速/(m/s)	最大风速/(m/s)	20～8 时降水量/mm	8～20 时降水量/mm	20～20 时累计降水量/mm
1.0	6.9	0.0	0.0	0.0
平均气温/℃	日最高气温/℃	日最低气温/℃	流量/(m^3/s)	水位/m
27.9	32.6	24.4	5300	1.1

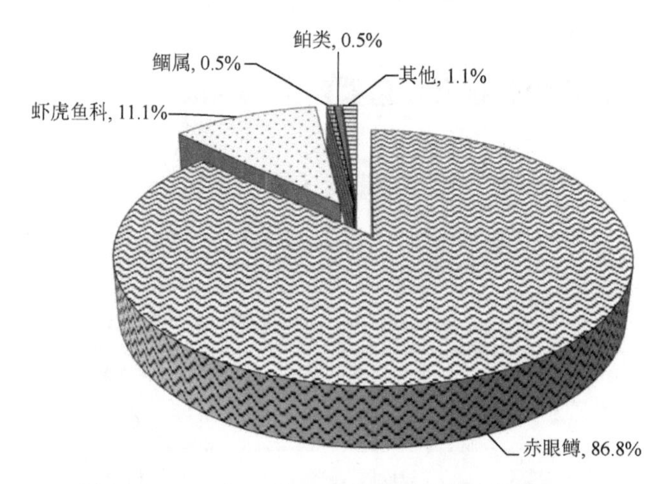

图 3-81　2006 年 9 月 29 日仔鱼群落结构组成

82. 2006年10月1日环境特征及仔鱼群落结构组成

2006 年 10 月 1 日天气和水文状况见表 3-82。当天采集到 7 种（类）仔鱼，主要种类相对多度由高至低依次为赤眼鳟、虾虎鱼科、飘鱼属、广东鲂、鳘类、鲴属等（图 3-82）。

表 3-82　2006 年 10 月 1 日天气和水文状况

平均风速/(m/s)	最大风速/(m/s)	20～8 时降水量/mm	8～20 时降水量/mm	20～20 时累计降水量/mm
3.2	8.8	0.7	—	0.7
平均气温/℃	日最高气温/℃	日最低气温/℃	流量/(m^3/s)	水位/m
27.1	29.0	24.9	5500	1.21

注：—表示微量

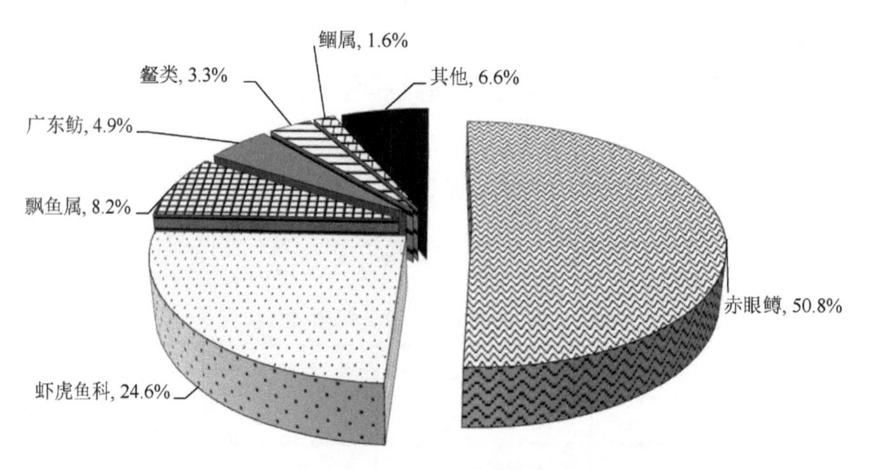

图 3-82　2006 年 10 月 1 日仔鱼群落结构组成

83. 2006年10月3日环境特征及仔鱼群落结构组成

2006 年 10 月 3 日天气和水文状况见表 3-83。当天采集到 6 种（类）仔鱼，主要种类相对多度由高至低依次为赤眼鳟、虾虎鱼科、飘鱼属、广东鲂、鳘类等（图 3-83）。

表 3-83　2006 年 10 月 3 日天气和水文状况

平均风速/(m/s)	最大风速/(m/s)	20～8 时降水量/mm	8～20 时降水量/mm	20～20 时累计降水量/mm
1.7	6.1	0.0	0.0	0.0
平均气温/℃	日最高气温/℃	日最低气温/℃	流量/(m^3/s)	水位/m
27.7	31.5	25.6	4650	0.85

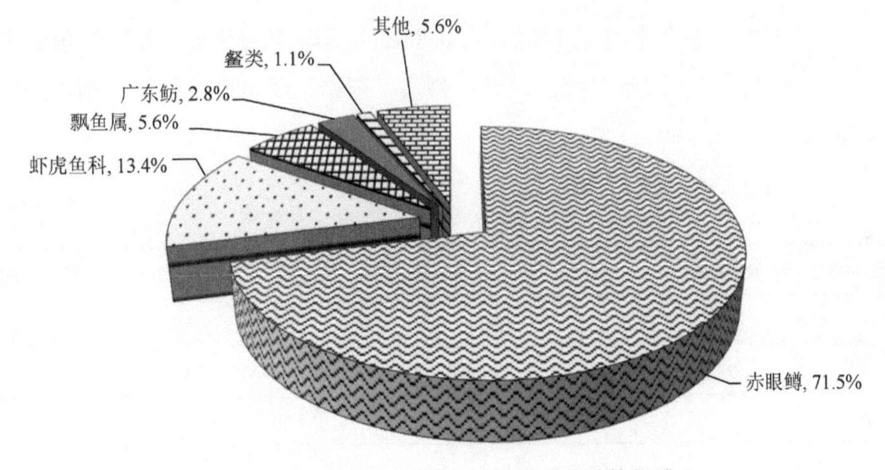

图 3-83　2006 年 10 月 3 日仔鱼群落结构组成

84. 2006年10月5日环境特征及仔鱼群落结构组成

2006 年 10 月 5 日天气和水文状况见表 3-84。当天采集到 5 种（类）仔鱼，主要种类相对多度由高至低依次为虾虎鱼科、赤眼鳟、飘鱼属、广东鲂等（图 3-84）。

表 3-84　2006 年 10 月 5 日天气和水文状况

平均风速/(m/s)	最大风速/(m/s)	20～8 时降水量/mm	8～20 时降水量/mm	20～20 时累计降水量/mm
1.3	6.7	0.0	0.0	0.0
平均气温/℃	日最高气温/℃	日最低气温/℃	流量/(m^3/s)	水位/m
26.5	30.7	22.6	3650	0.39

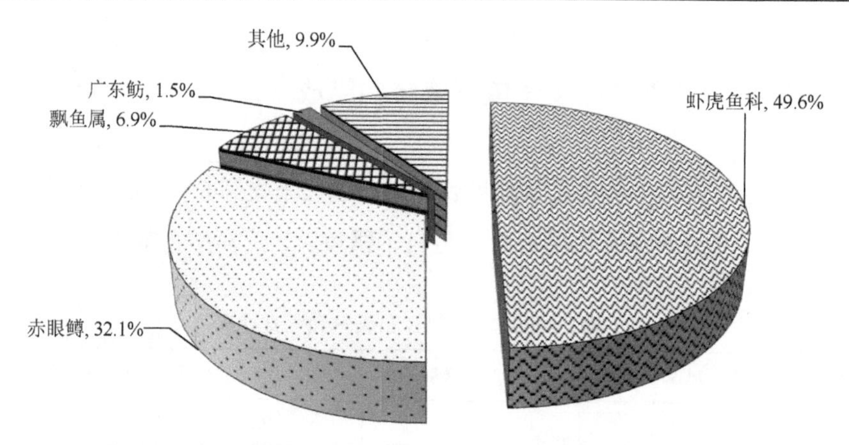

图 3-84　2006 年 10 月 5 日仔鱼群落结构组成

85. 2006年10月7日环境特征及仔鱼群落结构组成

2006 年 10 月 7 日天气和水文状况见表 3-85。当天采集到 9 种（类）仔鱼，主要种类相对多度由高至低依次为赤眼鳟、虾虎鱼科、广东鲂、飘鱼属、鳘类、鳙、鲴属、银鱼科等（图 3-85）。

表 3-85　2006 年 10 月 7 日天气和水文状况

平均风速/(m/s)	最大风速/(m/s)	20～8 时降水量/mm	8～20 时降水量/mm	20～20 时累计降水量/mm
1.8	4.2	0.0	0.0	0.0
平均气温/℃	日最高气温/℃	日最低气温/℃	流量/(m^3/s)	水位/m
27.0	31.2	23.4	1900	0.48

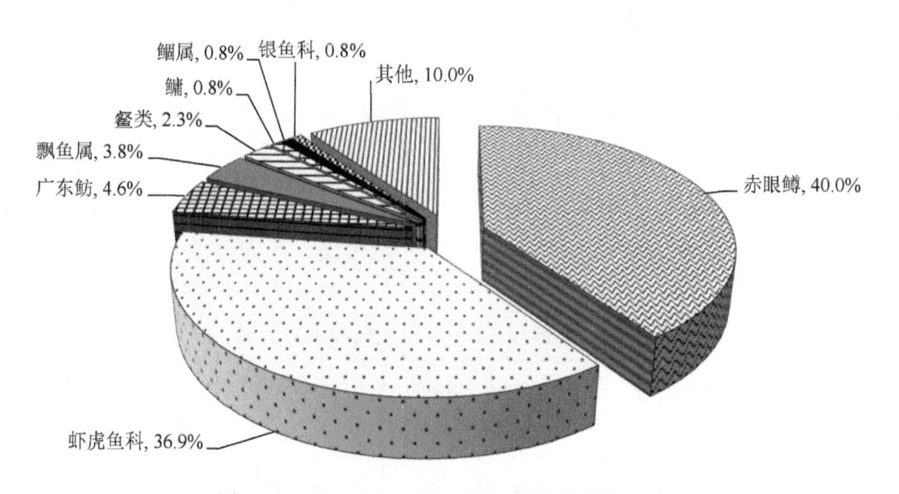

图 3-85　2006 年 10 月 7 日仔鱼群落结构组成

86. 2006年10月9日环境特征及仔鱼群落结构组成

2006 年 10 月 9 日天气和水文状况见表 3-86。当天采集到 8 种（类）仔鱼，主要种类相对多度由高至低依次为虾虎鱼科、赤眼鳟、鳘类、银鱼科、鮈亚科、飘鱼属、广东鲂等（图 3-86）。

表 3-86　2006 年 10 月 9 日天气和水文状况

平均风速/(m/s)	最大风速/(m/s)	20～8 时降水量/mm	8～20 时降水量/mm	20～20 时累计降水量/mm
1.4	3.5	0.0	—	—
平均气温/℃	日最高气温/℃	日最低气温/℃	流量/(m^3/s)	水位/m
26.2	28.2	24.7	1840	0.73

注：—表示微量

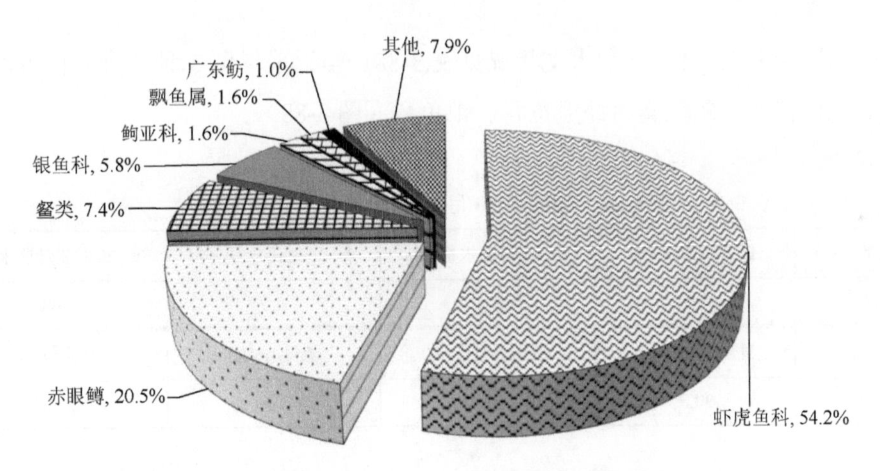

图 3-86　2006 年 10 月 9 日仔鱼群落结构组成

87. 2006年10月11日环境特征及仔鱼群落结构组成

2006 年 10 月 11 日天气和水文状况见表 3-87。当天采集到 7 种（类）仔鱼，主要种类相对多度由高至低依次为虾虎鱼科、赤眼鳟、鳘类、银鱼科、广东鲂、飘鱼属等（图 3-87）。

表 3-87　2006 年 10 月 11 日天气和水文状况

平均风速/(m/s)	最大风速/(m/s)	20～8 时降水量/mm	8～20 时降水量/mm	20～20 时累计降水量/mm
1.2	4.3	0.0	0.0	0.0
平均气温/℃	日最高气温/℃	日最低气温/℃	流量/(m^3/s)	水位/m
27.0	30.5	23.8	1860	0.87

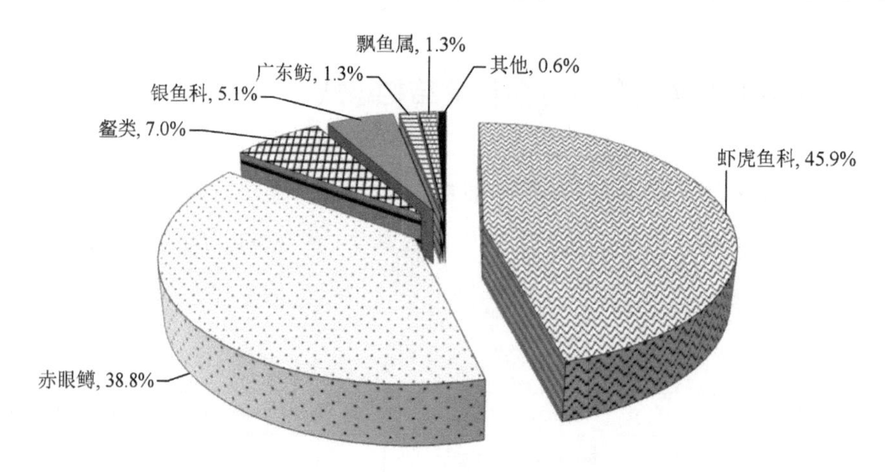

图 3-87　2006 年 10 月 11 日仔鱼群落结构组成

88. 2006年10月13日环境特征及仔鱼群落结构组成

2006 年 10 月 13 日天气和水文状况见表 3-88。当天采集到 3 种（类）仔鱼，相对多度由高至低依次为飘鱼属、虾虎鱼科、银鱼科（图 3-88）。

表 3-88　2006 年 10 月 13 日天气和水文状况

平均风速/(m/s)	最大风速/(m/s)	20～8 时降水量/mm	8～20 时降水量/mm	20～20 时累计降水量/mm
1.8	3.0	0.0	0.0	0.0
平均气温/℃	日最高气温/℃	日最低气温/℃	流量/(m^3/s)	水位/m
27.0	30.8	23.9	1920	1.03

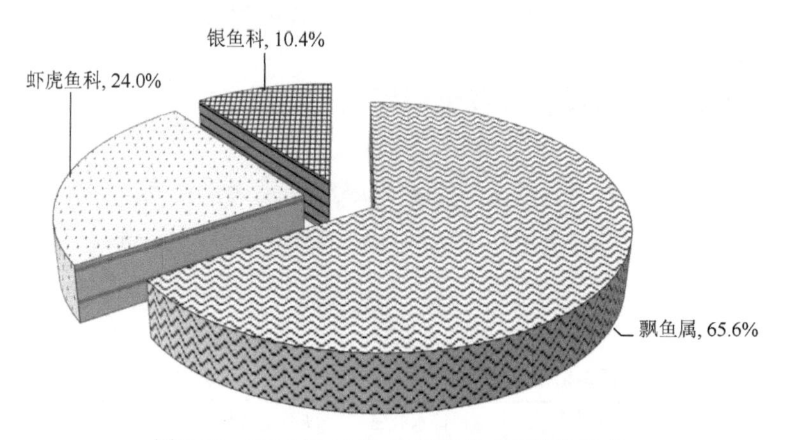

图 3-88　2006 年 10 月 13 日仔鱼群落结构组成

89. 2006年10月15日环境特征及仔鱼群落结构组成

2006年10月15日天气和水文状况见表3-89。当天采集到5种（类）仔鱼，主要种类相对多度由高至低依次为虾虎鱼科、银鱼科、飘鱼属、鳘类等（图3-89）。

表3-89　2006年10月15日天气和水文状况

平均风速/(m/s)	最大风速/(m/s)	20～8时降水量/mm	8～20时降水量/mm	20～20时累计降水量/mm
2.3	5.9	1.4	0.0	1.4
平均气温/℃	日最高气温/℃	日最低气温/℃	流量/(m^3/s)	水位/m
27.2	30.2	24.2	2120	0.98

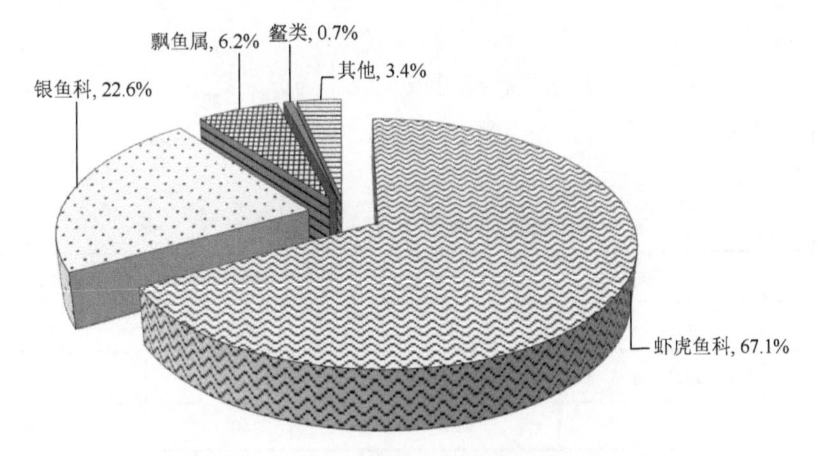

图3-89　2006年10月15日仔鱼群落结构组成

90. 2006年10月17日环境特征及仔鱼群落结构组成

2006年10月17日天气和水文状况见表3-90。当天采集到5种（类）仔鱼，相对多度由高至低依次为虾虎鱼科、赤眼鳟、飘鱼属、银鱼科、鲄亚科（图3-90）。

表3-90　2006年10月17日天气和水文状况

平均风速/(m/s)	最大风速/(m/s)	20～8时降水量/mm	8～20时降水量/mm	20～20时累计降水量/mm
2.0	4.5	0.0	0.0	0.0
平均气温/℃	日最高气温/℃	日最低气温/℃	流量/(m^3/s)	水位/m
27.2	30.8	25.1	2160	0.47

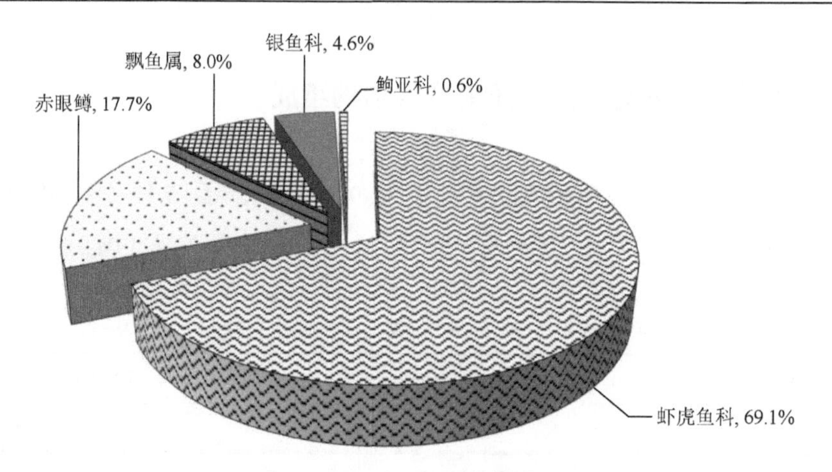

图 3-90　2006 年 10 月 17 日仔鱼群落结构组成

91. 2006年10月19日环境特征及仔鱼群落结构组成

2006 年 10 月 19 日天气和水文状况见表 3-91。当天采集到 4 种（类）仔鱼，相对多度由高至低依次为虾虎鱼科、赤眼鳟、银鱼科、飘鱼属（图 3-91）。

表 3-91　2006 年 10 月 19 日天气和水文状况

平均风速/(m/s)	最大风速/(m/s)	20～8 时降水量/mm	8～20 时降水量/mm	20～20 时累计降水量/mm
1.7	3.5	0.0	0.0	0.0
平均气温/℃	日最高气温/℃	日最低气温/℃	流量/(m^3/s)	水位/m
26.7	29.6	24.2	2280	0.28

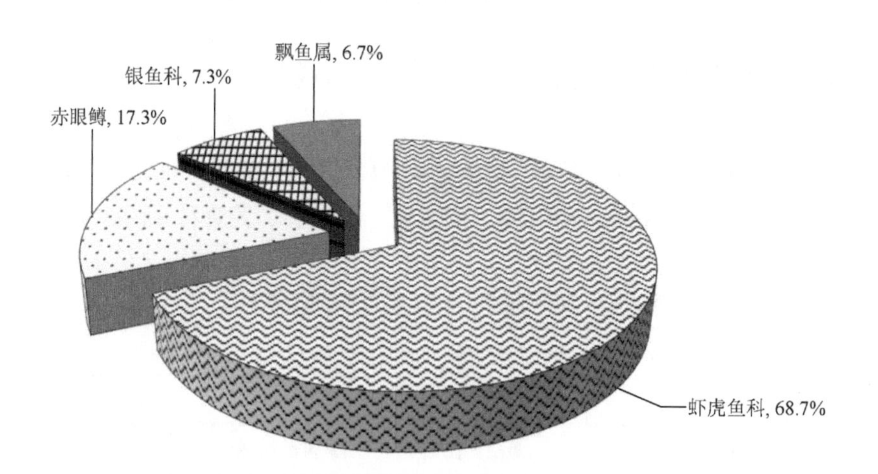

图 3-91　2006 年 10 月 19 日仔鱼群落结构组成

92. 2006年10月21日环境特征及仔鱼群落结构组成

2006 年 10 月 21 日天气和水文状况见表 3-92。当天采集到 5 种（类）仔鱼，相对多度由高至低依次为虾虎鱼科、飘鱼属、银鱼科、赤眼鳟、广东鲂（图 3-92）。

表 3-92　2006 年 10 月 21 日天气和水文状况

平均风速/(m/s)	最大风速/(m/s)	20～8 时降水量/mm	8～20 时降水量/mm	20～20 时累计降水量/mm
1.9	6.2	0.0	0.0	0.0
平均气温/℃	日最高气温/℃	日最低气温/℃	流量/(m^3/s)	水位/m
26.8	30.5	24.4	2300	0.42

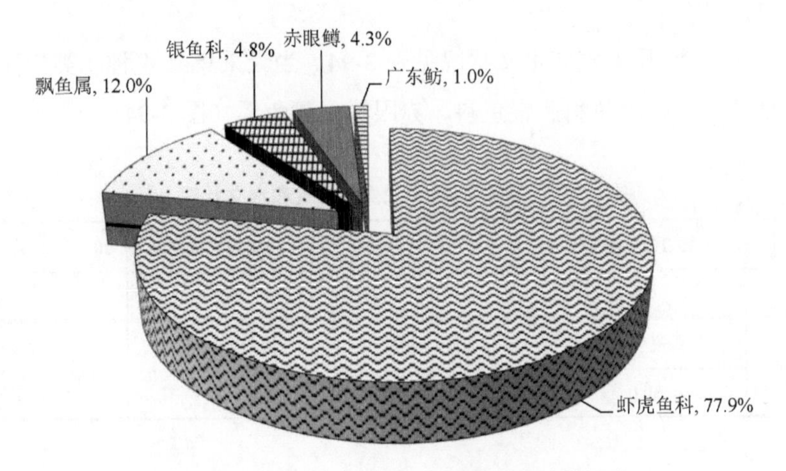

图 3-92　2006 年 10 月 21 日仔鱼群落结构组成

93. 2006年10月23日环境特征及仔鱼群落结构组成

2006 年 10 月 23 日天气和水文状况见表 3-93。当天采集到 4 种（类）仔鱼，相对多度由高至低依次为虾虎鱼科、赤眼鳟、银鱼科、飘鱼属（图 3-93）。

表 3-93　2006 年 10 月 23 日天气和水文状况

平均风速/(m/s)	最大风速/(m/s)	20～8 时降水量/mm	8～20 时降水量/mm	20～20 时累计降水量/mm
1.8	6.2	0.0	0.0	0.0
平均气温/℃	日最高气温/℃	日最低气温/℃	流量/(m^3/s)	水位/m
27.6	31.2	24.1	2500	0.61

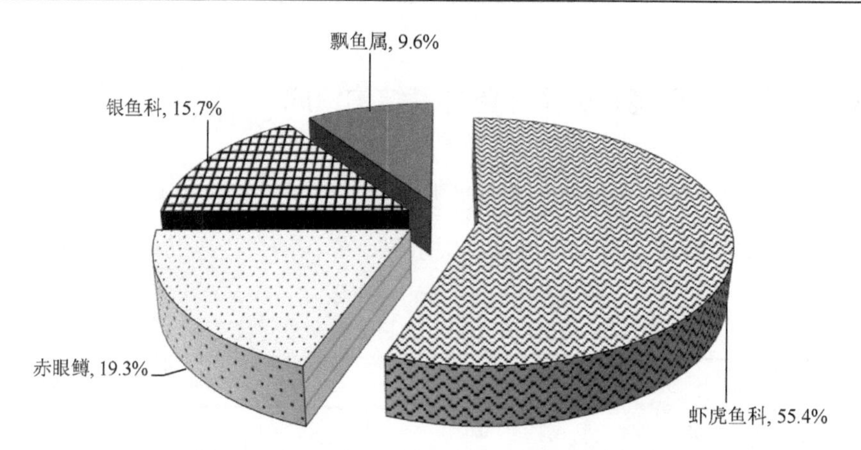

图 3-93　2006 年 10 月 23 日仔鱼群落结构组成

94. 2006年10月25日环境特征及仔鱼群落结构组成

2006 年 10 月 25 日天气和水文状况见表 3-94。当天采集到 4 种（类）仔鱼，相对多度由高至低依次为虾虎鱼科、银鱼科、赤眼鳟、飘鱼属（图 3-94）。

表 3-94　2006 年 10 月 25 日天气和水文状况

平均风速/(m/s)	最大风速/(m/s)	20～8 时降水量/mm	8～20 时降水量/mm	20～20 时累计降水量/mm
2.4	6.8	0.0	0.0	0.0
平均气温/℃	日最高气温/℃	日最低气温/℃	流量/(m³/s)	水位/m
26.8	30.0	23.3	2550	1.00

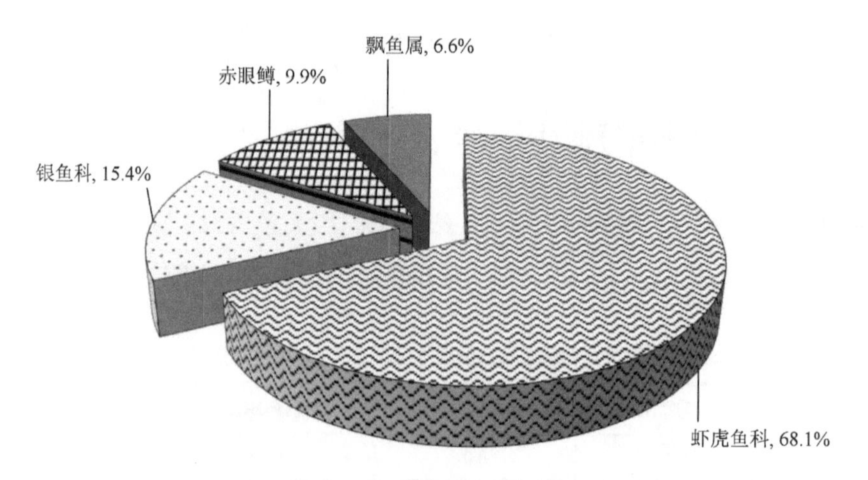

图 3-94　2006 年 10 月 25 日仔鱼群落结构组成

95. 2006年10月27日环境特征及仔鱼群落结构组成

2006 年 10 月 27 日天气和水文状况见表 3-95。当天采集到 5 种（类）仔鱼，主要种类相对多度由高至低依次为赤眼鳟、飘鱼属、银鱼科、虾虎鱼科等（图 3-95）。

表 3-95　2006 年 10 月 27 日天气和水文状况

平均风速/(m/s)	最大风速/(m/s)	20～8 时降水量/mm	8～20 时降水量/mm	20～20 时累计降水量/mm
3.7	6.7	0.0	0.0	0.0
平均气温/℃	日最高气温/℃	日最低气温/℃	流量/(m^3/s)	水位/m
23.6	26.8	21.1	2430	1.05

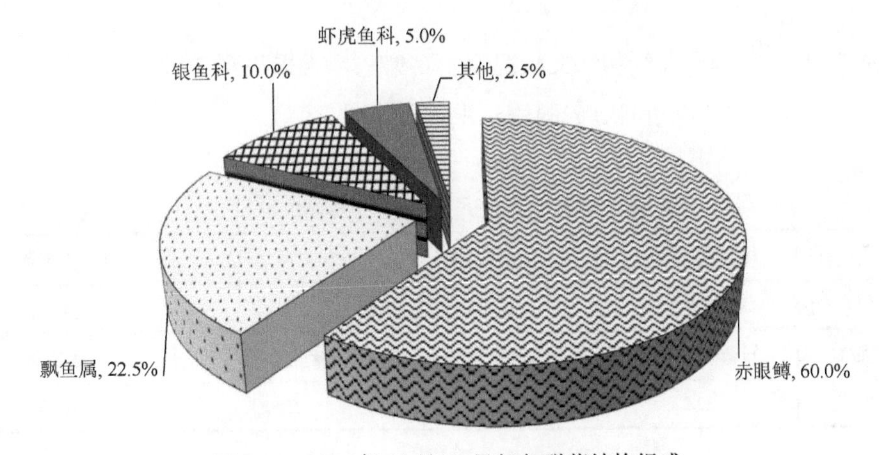

图 3-95　2006 年 10 月 27 日仔鱼群落结构组成

96. 2006年10月29日环境特征及仔鱼群落结构组成

2006 年 10 月 29 日天气和水文状况见表 3-96。当天采集到 2 种（类）仔鱼，相对多度由高至低依次为虾虎鱼科、赤眼鳟（图 3-96）。

表 3-96　2006 年 10 月 29 日天气和水文状况

平均风速/(m/s)	最大风速/(m/s)	20～8 时降水量/mm	8～20 时降水量/mm	20～20 时累计降水量/mm
1.6	5.9	0.0	0.0	0.0
平均气温/℃	日最高气温/℃	日最低气温/℃	流量/(m^3/s)	水位/m
24.9	28.9	21.6	2540	1.10

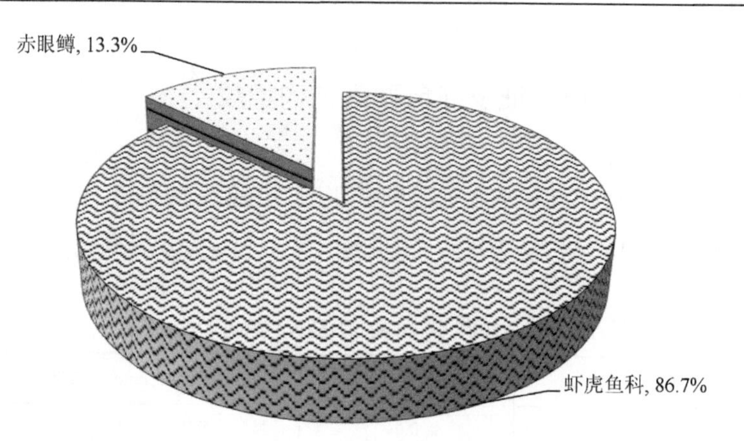

图 3-96　2006 年 10 月 29 日仔鱼群落结构组成

97. 2006年10月31日环境特征及仔鱼群落结构组成

2006 年 10 月 31 日天气和水文状况见表 3-97。当天采集到 3 种（类）仔鱼，相对多度由高至低依次为虾虎鱼科、赤眼鳟、银鱼科（图 3-97）。

表 3-97　2006 年 10 月 31 日天气和水文状况

平均风速/(m/s)	最大风速/(m/s)	20～8 时降水量/mm	8～20 时降水量/mm	20～20 时累计降水量/mm
2.2	6.9	0.0	0.0	0.0
平均气温/℃	日最高气温/℃	日最低气温/℃	流量/(m^3/s)	水位/m
25.2	29.2	21.7	2380	1.10

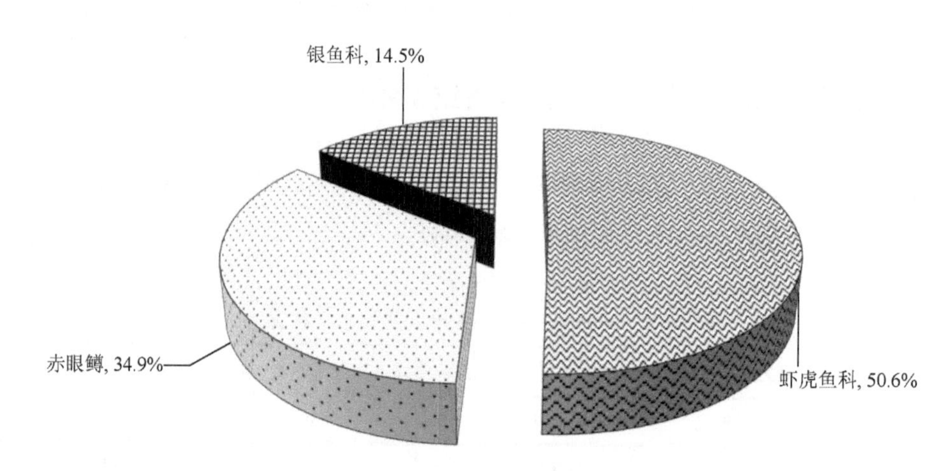

图 3-97　2006 年 10 月 31 日仔鱼群落结构组成

98. 2006年11月2日环境特征及仔鱼群落结构组成

2006 年 11 月 2 日天气和水文状况见表 3-98。当天采集到 2 种（类）仔鱼，相对多度由高至低依次为虾虎鱼科、飘鱼属（图 3-98）。

表 3-98　2006 年 11 月 2 日天气和水文状况

平均风速/(m/s)	最大风速/(m/s)	20～8 时降水量/mm	8～20 时降水量/mm	20～20 时累计降水量/mm
无数据	无数据	0.0	0.0	0.0
平均气温/℃	日最高气温/℃	日最低气温/℃	流量/(m^3/s)	水位/m
23.2	27.0	19.6	2200	0.35

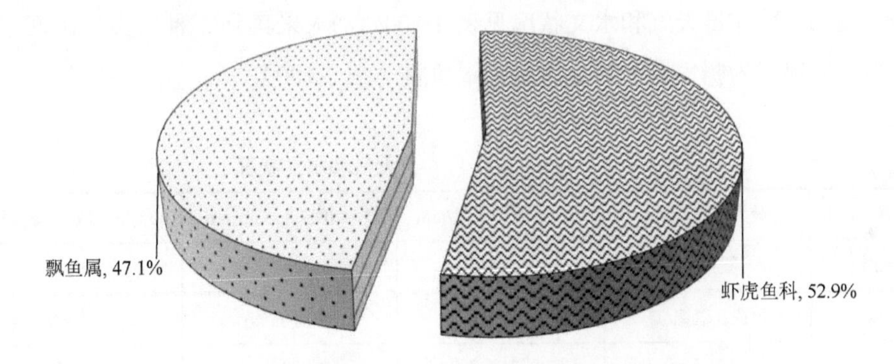

图 3-98　2006 年 11 月 2 日仔鱼群落结构组成

99. 2006年11月4日环境特征及仔鱼群落结构组成

2006 年 11 月 4 日天气和水文状况见表 3-99。当天采集到 2 种（类）仔鱼，相对多度由高至低依次为飘鱼属、虾虎鱼科（图 3-99）。

表 3-99　2006 年 11 月 4 日天气和水文状况

平均风速/(m/s)	最大风速/(m/s)	20～8 时降水量/mm	8～20 时降水量/mm	20～20 时累计降水量/mm
无数据	无数据	0.0	0.0	0.0
平均气温/℃	日最高气温/℃	日最低气温/℃	流量/(m^3/s)	水位/m
21.0	28.2	15.1	2140	0.48

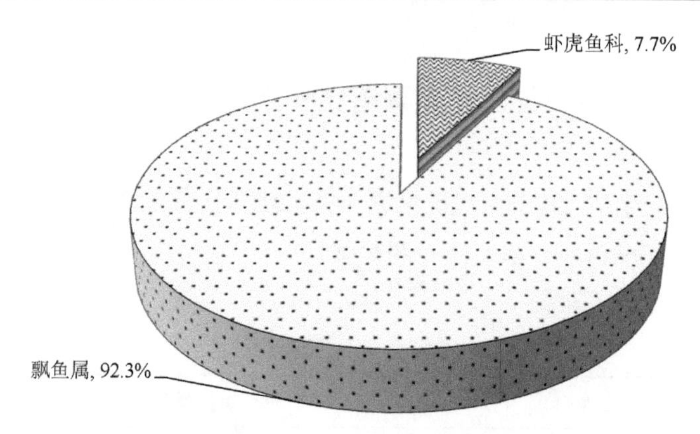

图 3-99　2006 年 11 月 4 日仔鱼群落结构组成

100. 2006年11月6日环境特征及仔鱼群落结构组成

2006 年 11 月 6 日天气和水文状况见表 3-100。当天采集到 3 种（类）仔鱼，相对多度由高至低依次为飘鱼属、虾虎鱼科、银鱼科（图 3-100）。

表 3-100　2006 年 11 月 6 日天气和水文状况

平均风速/(m/s)	最大风速/(m/s)	20～8 时降水量/mm	8～20 时降水量/mm	20～20 时累计降水量/mm
无数据	无数据	0.0	0.0	0.0
平均气温/℃	日最高气温/℃	日最低气温/℃	流量/(m^3/s)	水位/m
22.4	28.2	16.6	2230	0.65

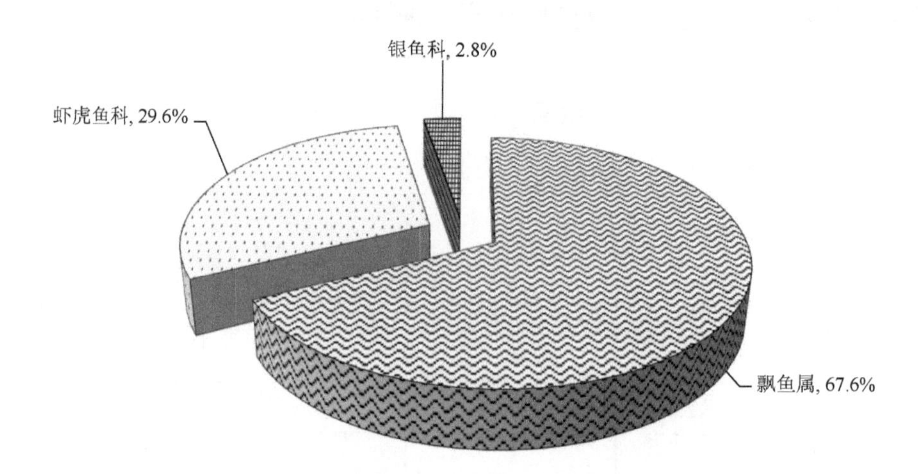

图 3-100　2006 年 11 月 6 日仔鱼群落结构组成

101. 2006年11月8日环境特征及仔鱼群落结构组成

2006年11月8日天气和水文状况见表3-101。当天采集到3种（类）仔鱼，相对多度由高至低依次为银鱼科、飘鱼属、虾虎鱼科（图3-101）。

表3-101 2006年11月8日天气和水文状况

平均风速/(m/s)	最大风速/(m/s)	20～8时降水量/mm	8～20时降水量/mm	20～20时累计降水量/mm
1.9	3.0	0.0	0.0	0.0
平均气温/℃	日最高气温/℃	日最低气温/℃	流量/(m^3/s)	水位/m
21.4	27.0	16.2	2460	1.10

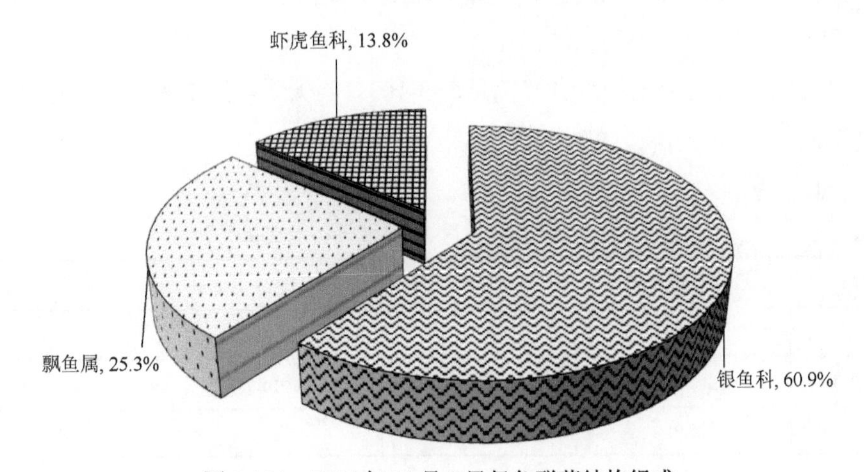

图3-101 2006年11月8日仔鱼群落结构组成

102. 2006年11月10日环境特征及仔鱼群落结构组成

2006年11月10日天气和水文状况见表3-102。当天采集到3种（类）仔鱼，相对多度由高至低依次为飘鱼属、银鱼科、虾虎鱼科（图3-102）。

表3-102 2006年11月10日天气和水文状况

平均风速/(m/s)	最大风速/(m/s)	20～8时降水量/mm	8～20时降水量/mm	20～20时累计降水量/mm
1.4	3.4	0.0	0.0	0.0
平均气温/℃	日最高气温/℃	日最低气温/℃	流量/(m^3/s)	水位/m
25.4	31.5	20.2	2440	0.92

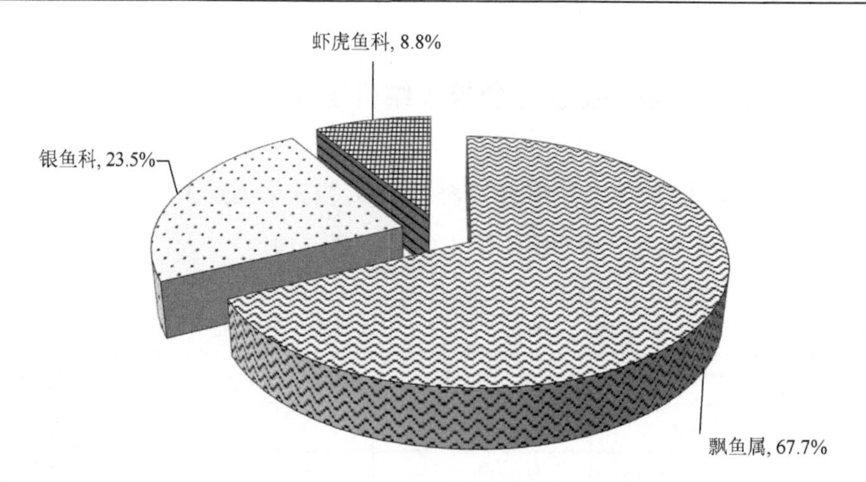

图 3-102　2006 年 11 月 10 日仔鱼群落结构组成

103. 2006年11月12日环境特征及仔鱼群落结构组成

2006 年 11 月 12 日天气和水文状况见表 3-103。当天采集到 2 种（类）仔鱼，相对多度由高至低依次为银鱼科、虾虎鱼科（图 3-103）。

表 3-103　2006 年 11 月 12 日天气和水文状况

平均风速/(m/s)	最大风速/(m/s)	20～8 时降水量/mm	8～20 时降水量/mm	20～20 时累计降水量/mm
2.7	7.3	0.0	0.0	0.0
平均气温/℃	日最高气温/℃	日最低气温/℃	流量/(m^3/s)	水位/m
23.1	26.9	19.3	2260	0.88

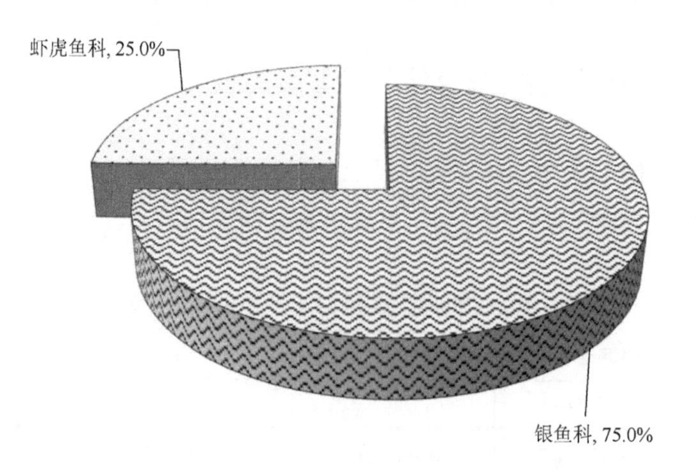

图 3-103　2006 年 11 月 12 日仔鱼群落结构组成

104. 2006年11月14日环境特征及仔鱼群落结构组成

2006年11月14日天气和水文状况见表3-104。当天采集到2种（类）仔鱼，相对多度由高至低依次为银鱼科、虾虎鱼科（图3-104）。

表3-104　2006年11月14日天气和水文状况

平均风速/(m/s)	最大风速/(m/s)	20～8时降水量/mm	8～20时降水量/mm	20～20时累计降水量/mm
2.6	6.8	0.0	0.0	0.0
平均气温/℃	日最高气温/℃	日最低气温/℃	流量/(m^3/s)	水位/m
23.8	28.0	20.3	1980	0.59

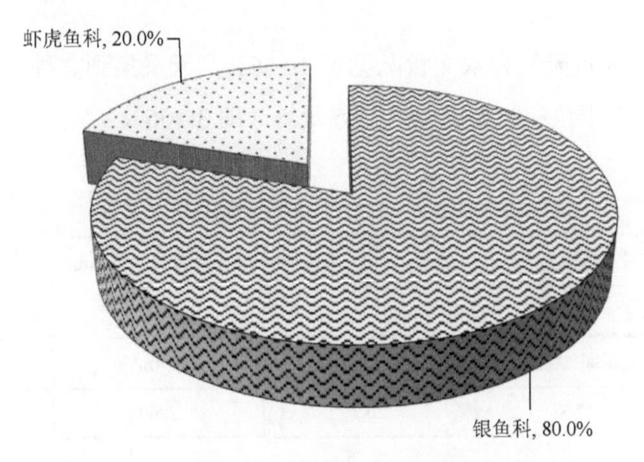

图3-104　2006年11月14日仔鱼群落结构组成

105. 2006年11月16日环境特征及仔鱼群落结构组成

2006年11月16日天气和水文状况见表3-105。当天采集到3种（类）仔鱼，相对多度由高至低依次为银鱼科、赤眼鳟、虾虎鱼科（图3-105）。

表3-105　2006年11月16日天气和水文状况

平均风速/(m/s)	最大风速/(m/s)	20～8时降水量/mm	8～20时降水量/mm	20～20时累计降水量/mm
2.1	5.9	0.0	1.1	1.1
平均气温/℃	日最高气温/℃	日最低气温/℃	流量/(m^3/s)	水位/m
22.2	23.6	21.0	1920	0.36

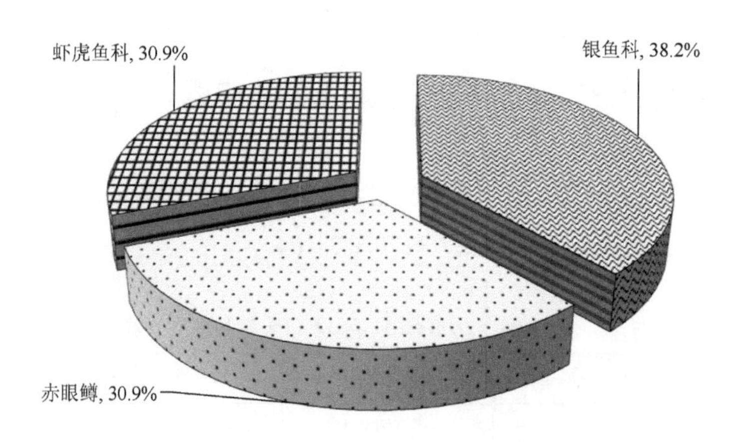

图 3-105　2006 年 11 月 16 日仔鱼群落结构组成

106. 2006年11月18日环境特征及仔鱼群落结构组成

2006 年 11 月 18 日天气和水文状况见表 3-106。当天采集到 3 种（类）仔鱼，相对多度由高至低依次为银鱼科、虾虎鱼科、赤眼鳟（图 3-106）。

表 3-106　2006 年 11 月 18 日天气和水文状况

平均风速/(m/s)	最大风速/(m/s)	20～8 时降水量/mm	8～20 时降水量/mm	20～20 时累计降水量/mm
1.3	9.7	1.9	22.7	24.6
平均气温/℃	日最高气温/℃	日最低气温/℃	流量/(m^3/s)	水位/m
23.4	27.3	20.7	2060	0.28

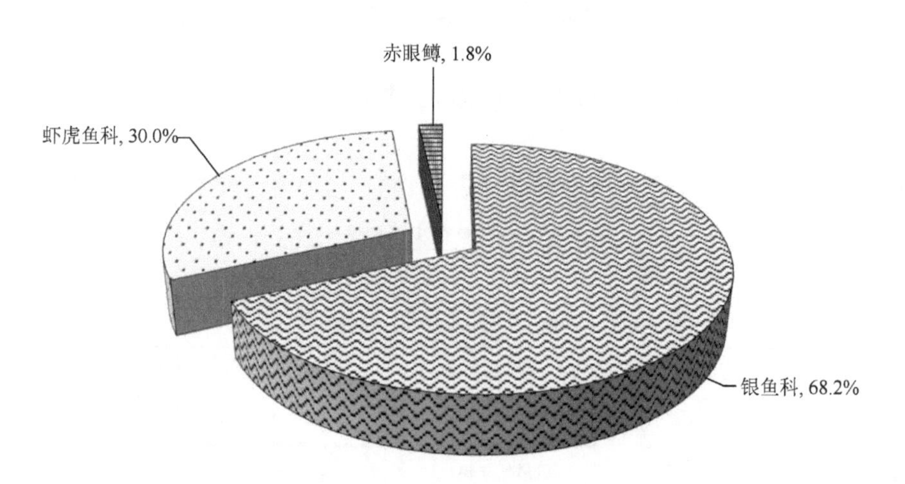

图 3-106　2006 年 11 月 18 日仔鱼群落结构组成

107. 2006年11月20日环境特征及仔鱼群落结构组成

2006 年 11 月 20 日天气和水文状况见表 3-107。当天采集到 2 种（类）仔鱼，相对多度由高至低依次为银鱼科、赤眼鳟（图 3-107）。

表 3-107　2006 年 11 月 20 日天气和水文状况

平均风速/(m/s)	最大风速/(m/s)	20～8 时降水量/mm	8～20 时降水量/mm	20～20 时累计降水量/mm
3.8	7.0	0.0	—	—
平均气温/℃	日最高气温/℃	日最低气温/℃	流量/(m^3/s)	水位/m
20.2	22.2	19.4	2020	0.24

注：一表示微量

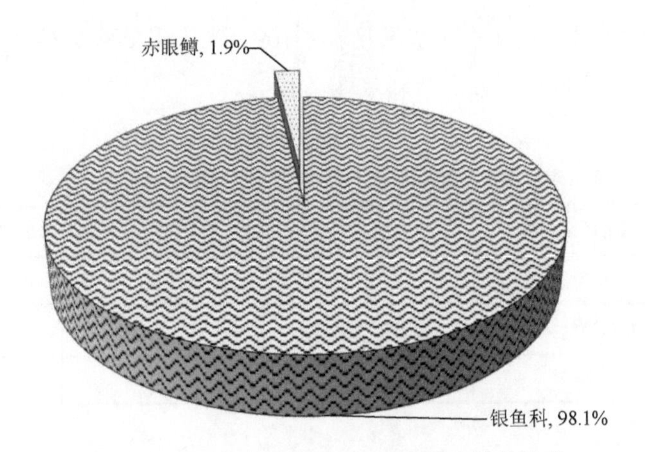

图 3-107　2006 年 11 月 20 日仔鱼群落结构组成

108. 2006年11月22日环境特征及仔鱼群落结构组成

2006 年 11 月 22 日天气和水文状况见表 3-108。当天采集到 2 种（类）仔鱼，相对多度由高至低依次为银鱼科、虾虎鱼科（图 3-108）。

表 3-108　2006 年 11 月 22 日天气和水文状况

平均风速/(m/s)	最大风速/(m/s)	20～8 时降水量/mm	8～20 时降水量/mm	20～20 时累计降水量/mm
1.3	5.1	3.1	0.0	3.1
平均气温/℃	日最高气温/℃	日最低气温/℃	流量/(m^3/s)	水位/m
18.9	21.1	17.2	2250	0.89

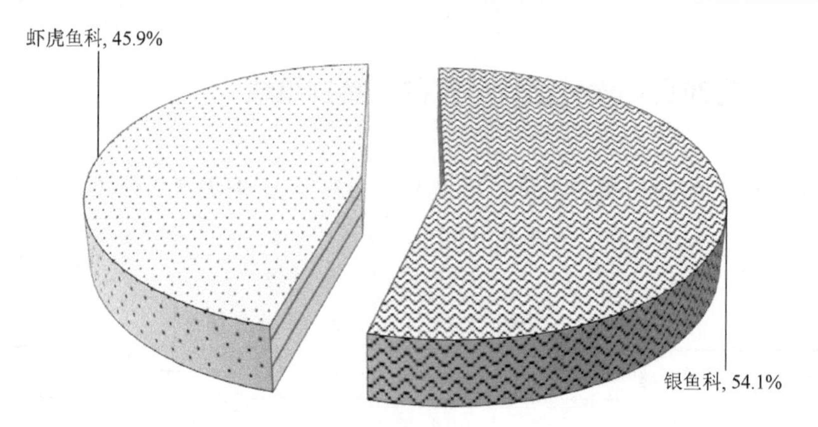

图 3-108　2006 年 11 月 22 日仔鱼群落结构组成

109. 2006年11月24日环境特征及仔鱼群落结构组成

2006 年 11 月 24 日天气和水文状况见表 3-109。当天采集到 2 种（类）仔鱼，相对多度由高至低依次为银鱼科、虾虎鱼科（图 3-109）。

表 3-109　2006 年 11 月 24 日天气和水文状况

平均风速/(m/s)	最大风速/(m/s)	20～8 时降水量/mm	8～20 时降水量/mm	20～20 时累计降水量/mm
2.4	5.5	0.1	0.0	0.1
平均气温/℃	日最高气温/℃	日最低气温/℃	流量/(m^3/s)	水位/m
19.4	20.9	17.9	3300	1.01

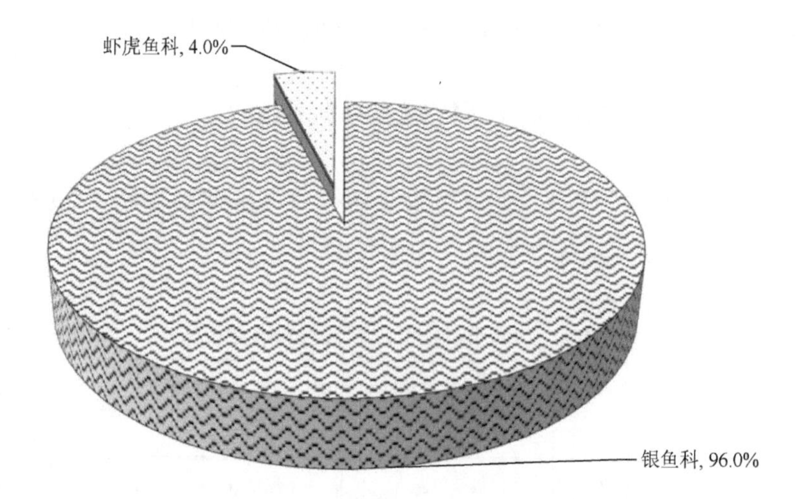

图 3-109　2006 年 11 月 24 日仔鱼群落结构组成

110. 2006年11月26日环境特征及仔鱼群落结构组成

2006年11月26日天气和水文状况见表3-110。当天采集到2种（类）仔鱼，相对多度由高至低依次为银鱼科、虾虎鱼科（图3-110）。

表3-110 2006年11月26日天气和水文状况

平均风速/(m/s)	最大风速/(m/s)	20～8时降水量/mm	8～20时降水量/mm	20～20时累计降水量/mm
2.2	6.2	0.0	4.0	4.0
平均气温/℃	日最高气温/℃	日最低气温/℃	流量/(m³/s)	水位/m
23.9	29.8	21.4	3480	1.22

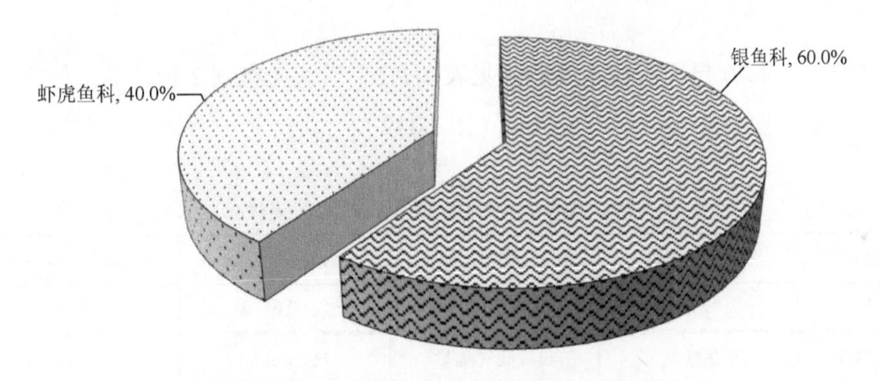

图3-110 2006年11月26日仔鱼群落结构组成

111. 2006年11月28日环境特征及仔鱼群落结构组成

2006年11月28日天气和水文状况见表3-111。当天采集到2种（类）仔鱼，虾虎鱼科相对多度为85.7%（图3-111）。

表3-111 2006年11月28日天气和水文状况

平均风速/(m/s)	最大风速/(m/s)	20～8时降水量/mm	8～20时降水量/mm	20～20时累计降水量/mm
4.8	6.8	4.9	0.0	4.9
平均气温/℃	日最高气温/℃	日最低气温/℃	流量/(m³/s)	水位/m
16.5	19.3	14.7	3360	0.87

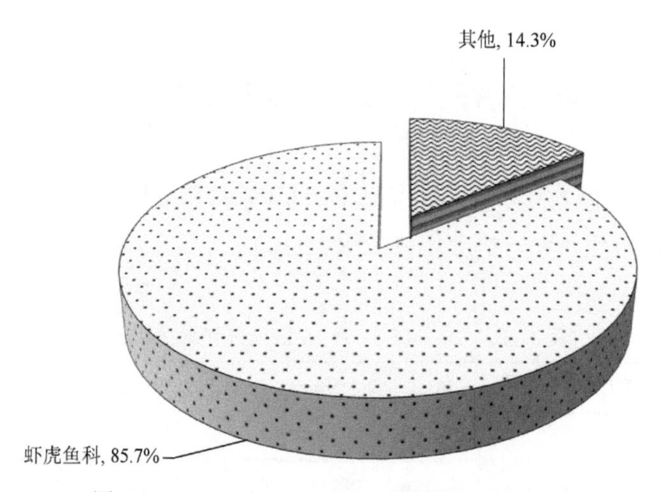

图 3-111　2006 年 11 月 28 日仔鱼群落结构组成

112. 2006年11月30日环境特征及仔鱼群落结构组成

2006 年 11 月 30 日天气和水文状况见表 3-112。当天采集到 2 种（类）仔鱼，相对多度由高至低依次为虾虎鱼科、银鱼科（图 3-112）。

表 3-112　2006 年 11 月 30 日天气和水文状况

平均风速/(m/s)	最大风速/(m/s)	20～8 时降水量/mm	8～20 时降水量/mm	20～20 时累计降水量/mm
4.5	7.7	1.5	0.0	1.5
平均气温/℃	日最高气温/℃	日最低气温/℃	流量/(m^3/s)	水位/m
17.8	21.3	15.5	3290	0.37

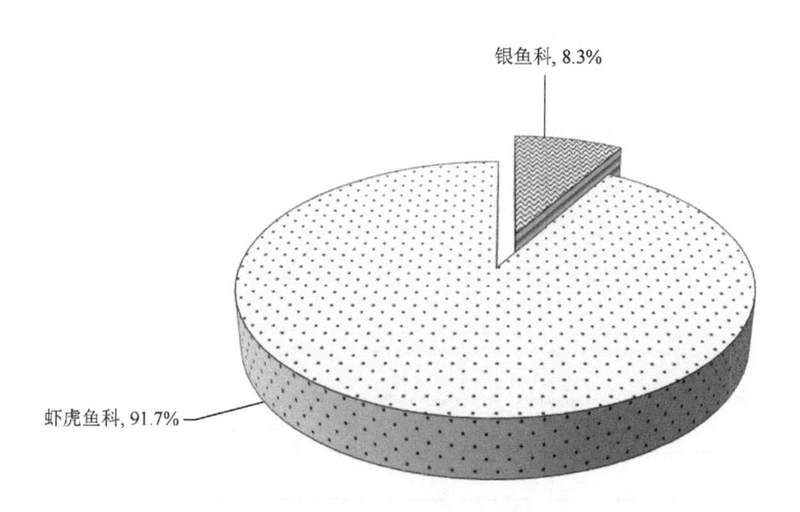

图 3-112　2006 年 11 月 30 日仔鱼群落结构组成

113. 2006年12月2日环境特征及仔鱼群落结构组成

2006 年 12 月 2 日天气和水文状况见表 3-113。当天采集到 2 种（类）仔鱼，相对多度由高至低依次为虾虎鱼科、银鱼科（图 3-113）。

表 3-113　2006 年 12 月 2 日天气和水文状况

平均风速/(m/s)	最大风速/(m/s)	20～8 时降水量/mm	8～20 时降水量/mm	20～20 时累计降水量/mm
5.0	8.5	0.0	0.0	0.0
平均气温/℃	日最高气温/℃	日最低气温/℃	流量/(m^3/s)	水位/m
15.8	18.1	13.8	2620	0.3

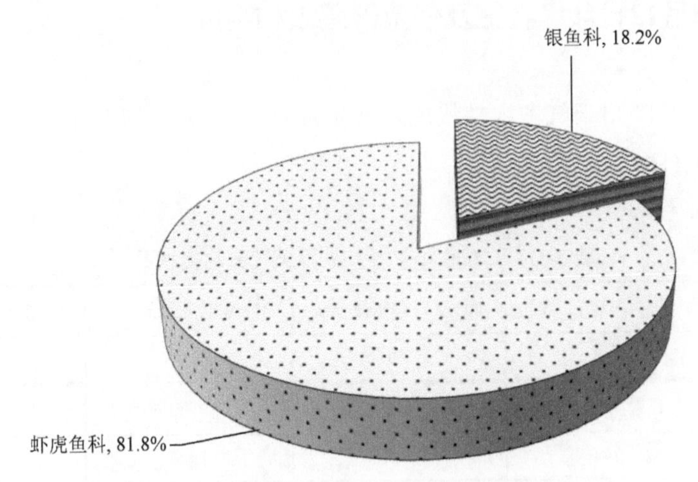

图 3-113　2006 年 12 月 2 日仔鱼群落结构组成

114. 2006年12月4日环境特征及仔鱼群落结构组成

2006 年 12 月 4 日天气和水文状况见表 3-114。当天采集到 2 种（类）仔鱼，相对多度由高至低依次为虾虎鱼科、银鱼科（图 3-114）。

表 3-114　2006 年 12 月 4 日天气和水文状况

平均风速/(m/s)	最大风速/(m/s)	20～8 时降水量/mm	8～20 时降水量/mm	20～20 时累计降水量/mm
3.1	6.5	0.0	0.0	0.0
平均气温/℃	日最高气温/℃	日最低气温/℃	流量/(m^3/s)	水位/m
17.6	21.6	14.9	2500	0.71

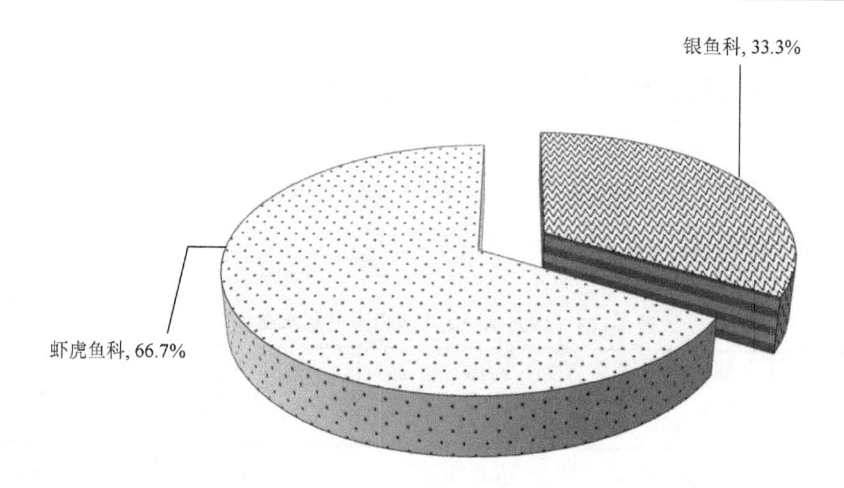

图 3-114　2006 年 12 月 4 日仔鱼群落结构组成

115. 2006年12月12日环境特征及仔鱼群落结构组成

2006 年 12 月 12 日天气和水文状况见表 3-115。当天采集到 1 种（类）仔鱼，鉴定为银鱼科（图 3-115）。

表 3-115　2006 年 12 月 12 日天气和水文状况

平均风速/(m/s)	最大风速/(m/s)	20～8 时降水量/mm	8～20 时降水量/mm	20～20 时累计降水量/mm
1.4	3.5	0.0	0.0	0.0
平均气温/℃	日最高气温/℃	日最低气温/℃	流量/(m^3/s)	水位/m
18.5	24.0	14.4	1920	0.70

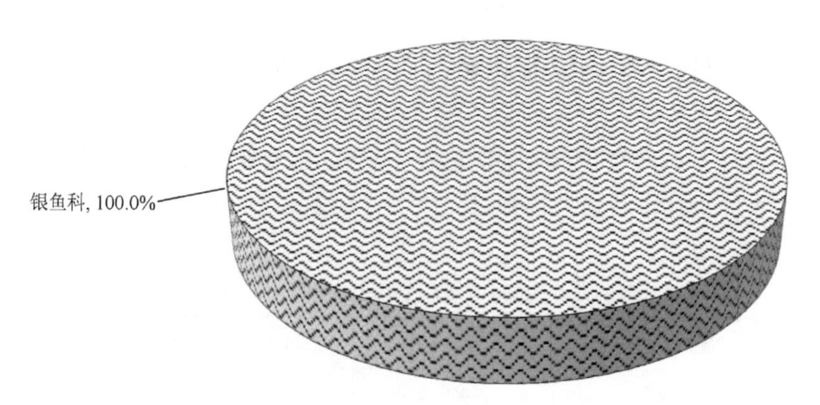

图 3-115　2006 年 12 月 12 日仔鱼群落结构组成

116. 2006年12月14日环境特征及仔鱼群落结构组成

2006 年 12 月 14 日天气和水文状况见表 3-116。当天采集到 1 种（类）仔鱼，鉴定为银鱼科（图 3-116）。

表 3-116　2006 年 12 月 14 日天气和水文状况

平均风速/(m/s)	最大风速/(m/s)	20～8 时降水量/mm	8～20 时降水量/mm	20～20 时累计降水量/mm
2.8	6.6	4.1	5.6	9.7
平均气温/℃	日最高气温/℃	日最低气温/℃	流量/(m^3/s)	水位/m
13.8	15.2	12.8	1900	0.11

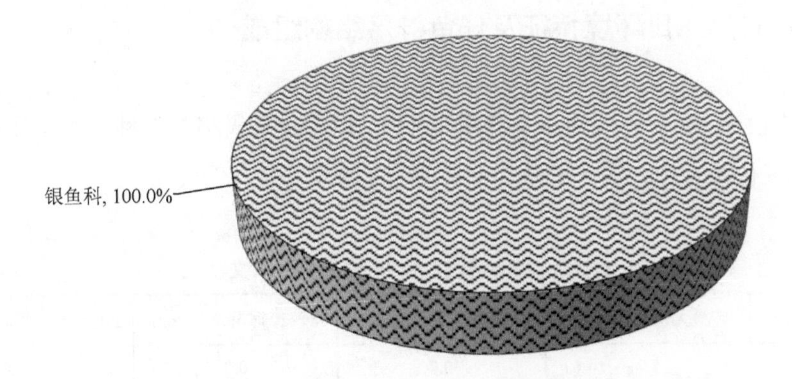

图 3-116　2006 年 12 月 14 日仔鱼群落结构组成

117. 2006年12月16日环境特征及仔鱼群落结构组成

2006 年 12 月 16 日天气和水文状况见表 3-117。当天采集到 2 种（类）仔鱼，相对多度由高至低依次为银鱼科、虾虎鱼科（图 3-117）。

表 3-117　2006 年 12 月 16 日天气和水文状况

平均风速/(m/s)	最大风速/(m/s)	20～8 时降水量/mm	8～20 时降水量/mm	20～20 时累计降水量/mm
5.2	7.9	0.0	0.0	0.0
平均气温/℃	日最高气温/℃	日最低气温/℃	流量/(m^3/s)	水位/m
17.3	19.8	14.6	2070	0.17

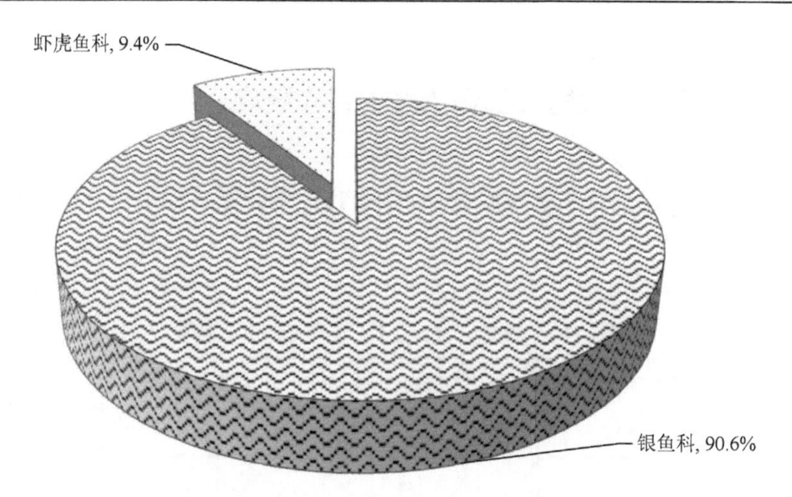

图 3-117　2006 年 12 月 16 日仔鱼群落结构组成

118. 2006年12月18日环境特征及仔鱼群落结构组成

2006 年 12 月 18 日天气和水文状况见表 3-118。当天采集到 2 种（类）仔鱼，相对多度由高至低依次为银鱼科、虾虎鱼科（图 3-118）。

表 3-118　2006 年 12 月 18 日天气和水文状况

平均风速/(m/s)	最大风速/(m/s)	20～8 时降水量/mm	8～20 时降水量/mm	20～20 时累计降水量/mm
2.3	5.7	0.0	0.0	0.0
平均气温/℃	日最高气温/℃	日最低气温/℃	流量/(m^3/s)	水位/m
13.0	17.3	7.0	2140	0.36

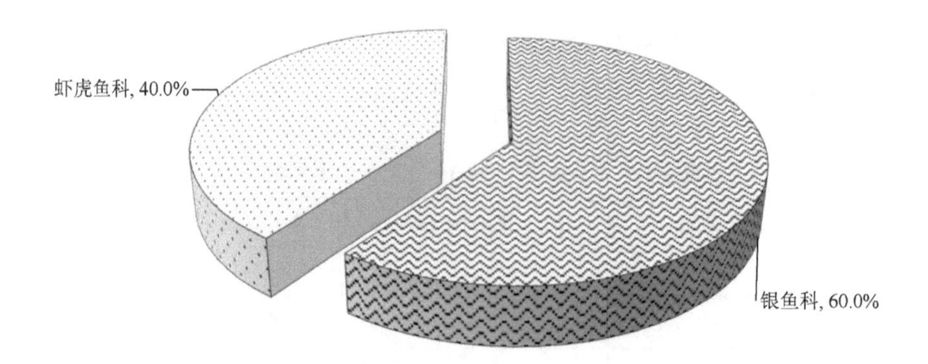

图 3-118　2006 年 12 月 18 日仔鱼群落结构组成

119. 2006年12月20日环境特征及仔鱼群落结构组成

2006 年 12 月 20 日天气和水文状况见表 3-119。当天采集到 1 种（类）仔鱼，鉴定为银鱼科（图 3-119）。

表 3-119　2006 年 12 月 20 日天气和水文状况

平均风速/(m/s)	最大风速/(m/s)	20～8 时降水量/mm	8～20 时降水量/mm	20～20 时累计降水量/mm
1.3	2.8	0.0	0.0	0.0
平均气温/℃	日最高气温/℃	日最低气温/℃	流量/(m^3/s)	水位/m
14.1	20.7	9.4	2040	0.58

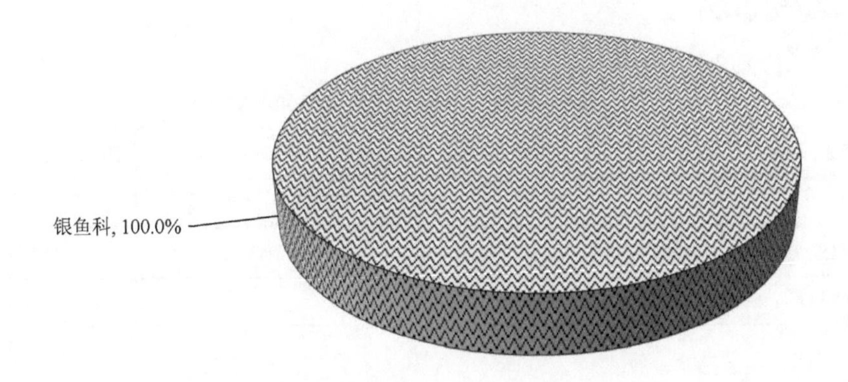

图 3-119　2006 年 12 月 20 日仔鱼群落结构组成

120. 2006年12月22日环境特征及仔鱼群落结构组成

2006 年 12 月 22 日天气和水文状况见表 3-120。当天采集到 1 种（类）仔鱼，鉴定为银鱼科（图 3-120）。

表 3-120　2006 年 12 月 22 日天气和水文状况

平均风速/(m/s)	最大风速/(m/s)	20～8 时降水量/mm	8～20 时降水量/mm	20～20 时累计降水量/mm
1.7	5.4	0.0	0.0	0.0
平均气温/℃	日最高气温/℃	日最低气温/℃	流量/(m^3/s)	水位/m
14.2	22.3	9.0	2190	0.85

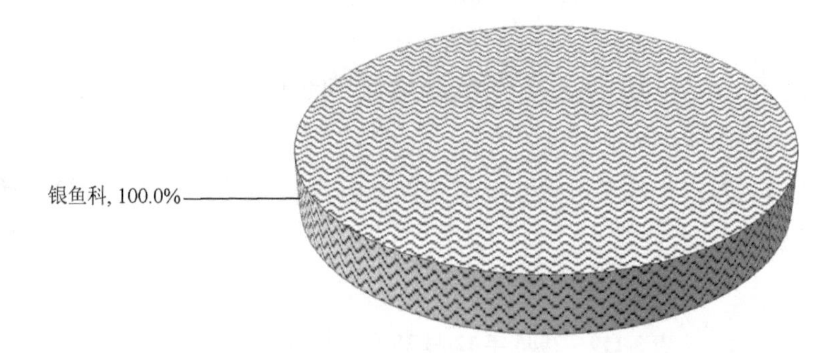

图 3-120　2006 年 12 月 22 日仔鱼群落结构组成

121. 2006年12月26日环境特征及仔鱼群落结构组成

2006 年 12 月 26 日天气和水文状况见表 3-121。当天采集到 1 种（类）仔鱼，鉴定为银鱼科（图 3-121）。

表 3-121　2006 年 12 月 26 日天气和水文状况

平均风速/(m/s)	最大风速/(m/s)	20～8 时降水量/mm	8～20 时降水量/mm	20～20 时累计降水量/mm
1.3	3.3	0.0	0.0	0.0
平均气温/℃	日最高气温/℃	日最低气温/℃	流量/(m^3/s)	水位/m
15.3	20.8	11.3	2220	0.89

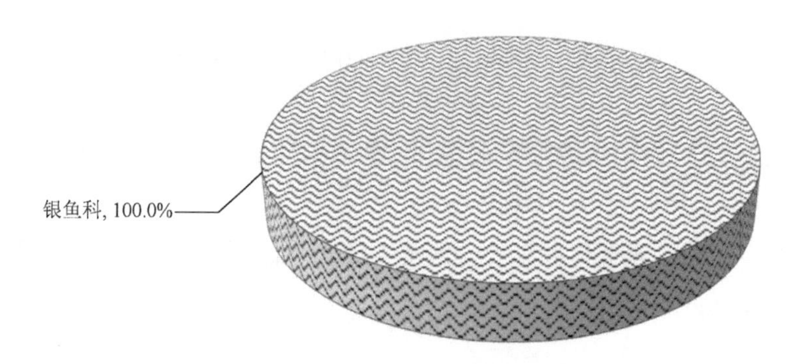

图 3-121　2006 年 12 月 26 日仔鱼群落结构组成

122. 2006年12月28日环境特征及仔鱼群落结构组成

2006 年 12 月 28 日天气和水文状况见表 3-122。当天采集到 2 种（类）仔鱼，相对多度由高至低依次为银鱼科、虾虎鱼科（图 3-122）。

表 3-122　2006年12月28日天气和水文状况

平均风速/(m/s)	最大风速/(m/s)	20～8时降水量/mm	8～20时降水量/mm	20～20时累计降水量/mm
3.0	8.6	0.0	0.0	0.0
平均气温/℃	日最高气温/℃	日最低气温/℃	流量/(m^3/s)	水位/m
16.1	20.3	12.1	2210	0.50

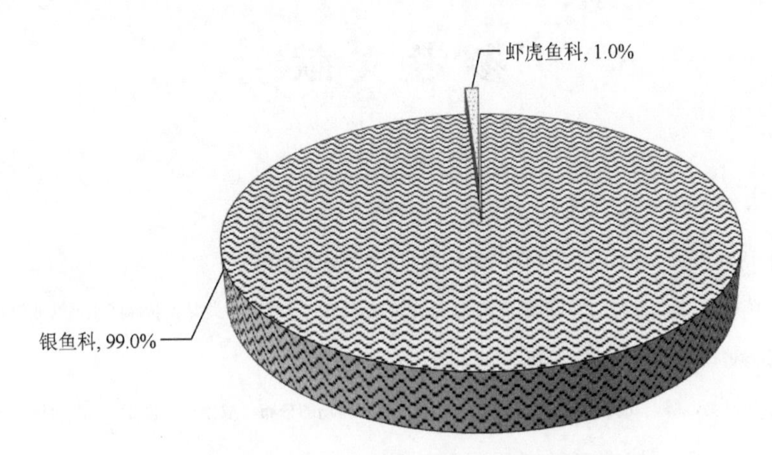

图 3-122　2006年12月28日仔鱼群落结构组成

参考文献

陈椿寿，1930. 广东西江鱼苗第一次调查报告[J]. 广东建设公报，5：4-5.

陈椿寿，林书颜，1935. 中国鱼苗志[M]. [出版地不详]：浙江省水产试验场.

梁秩燊，莫瑞林，陈福才，等，1985. 西江常见鱼类早期发育的分类鉴定及其产卵类型[M]//珠江水系渔业资源调查编委会. 珠江水系渔业资源调查研究报告：第六分册. 广州：[出版者不详]：255-294.

梁正芳，梁庚顺，梁秩燊，等，2002. 韶关市北江水系经济鱼类产卵场的分布、成色与规模[J]. 水产科技，(6)：14-20.

林书颜，1933. 西江鱼苗调查报告[J]. 广东建设月刊，1(6)：9-35.

陆奎贤，1990. 珠江水系渔业资源[M]. 广州：广东科技出版社.

《中国河湖大典》编纂委员会，2013. 中国河湖大典：珠江卷[M]. 北京：中国水利水电出版社.

中华人民共和国农业部，2017. 河流漂流性鱼卵和仔鱼资源评估方法：SC/T 9427—2016[S]. 北京：中国农业出版社.

附　录

随着实验站调查监测能力的提高和深入分析，2016～2018 年开始采用逐月随机抽样方式对珠江肇庆段采样点仔鱼进行 DNA 提取和 COI 基因扩增、测序，并与 BOLD 数据库及实验站构建的珠江鱼类 COI 基因条码数据库进行匹配分析，尽量将仔鱼种类鉴定至种。到目前为止，共确定仔鱼种类 50 种（类）。其中，48 种鉴定至种；1 种（类）鉴定至属，即鲴属不能区分银鲴和黄尾鲴；还有 1 种鲈形目未定种（附表 1）。

附表 1　珠江肇庆段仔鱼种类

序号	种类	3月	4月	5月	6月	7月	8月	9月	10月
1	大眼华鳊 *Sinibrama macrops*					+			
2	翘嘴鲌 *Culter alburnus*				+	+	+		
3	蒙古鲌 *Culter mongolicus mongolicus*					+			
4	海南鲌 *Culter recurviceps*			+	+	+	+	+	+
5	伍氏半䱗 *Hemiculterella wui*					+			
6	红鳍原鲌 *Cultrichthys erythropterus*				+	+	+	+	
7	银飘鱼 *Pseudolaubuca sinensis*		+	+	+	+	+	+	+
8	寡鳞飘鱼 *Pseudolaubuca engraulis*			+	+	+	+	+	+
9	广东鲂 *Megalobrama terminalis*		+	+	+	+	+	+	+
10	鳊 *Parabramis pekinensis*				+	+	+	+	
11	大眼近红鲌 *Ancherythroculter lini*							+	
12	南方拟䱗 *Pseudohemiculter dispar*		+	+	+	+	+	+	+
13	海南似鲚 *Toxabramis houdemeri*					+			
14	䱗 *Hemicculter leuciclus*		+	+	+	+	+	+	+
15	鲢 *Hypophthalmichthys molitrix*			+	+	+	+	+	
16	鳙 *Aristichthys nobilis*			+	+				
17	草鱼 *Ctenopharyngodon idellus*			+	+	+	+		
18	鳡 *Ochetobibus elongatus*				+	+			

续表

序号	种类	3月	4月	5月	6月	7月	8月	9月	10月
19	鳡 *Elopichthys bambusa*				+	+			
20	青鱼 *Mylopharyngodon piceus*			+	+	+	+	+	
21	赤眼鳟 *Squaliobarbus curriculus*			+	+	+	+	+	+
22	马口鱼 *Opsariichthys bidens*		+						
23	宽鳍鱲 *Zacco platypus*								+
24	银鮈 *Squalidus argentatus*				+		+		
25	唇䱻 *Hemibarbus labeo*	+							
26	麦穗鱼 *Pseudorasbora parva*	+		+	+				
27	棒花鱼 *Abbottina rivularis*	+							
28	鲮 *Cirrhinus molitorella*				+	+	+	+	+
29	纹唇鱼 *Osteochilus salsburyi*				+			+	+
30	鲫 *Carassius auratus auratus*	+	+						
31	鲤 *Cyprinus carpio*	+	+	+	+				
32	麦瑞加拉鲮 *Cirrhinus mrigala*				+				
33	鲴属 *Xenocypris*		+	+	+	+	+	+	
34	壮体沙鳅 *Botia robusta*			+	+	+	+	+	+
35	短吻新银鱼 *Neosalanx brevirostris*	+		+	+	+	+	+	
36	白肌银鱼 *Salanx chinensis*	+							
37	间下鱵 *Hyporhamphus intermedius*	+	+	+					
38	七丝鲚 *Coilia grayii*			+	+	+			
39	大刺鳅 *Mastacembelus armatus*				+		+		
40	阿氏翼甲鲶 *Pterygoplichthys anisitsi*				+				
41	大眼鳜 *Siniperca knerii*		+	+	+	+	+	+	+
42	尼罗罗非鱼 *Oreochromis niloticus*		+	+		+	+	+	
43	莫桑比克罗非鱼 *Oreochromis mossambicus*		+	+	+	+	+	+	
44	粘皮鲻虾虎鱼 *Mugilogobius myxodermus*		+			+	+	+	+
45	犬牙细棘虾虎鱼 *Yongeichthys caninus*			+	+				
46	子陵吻虾虎鱼 *Rhinogobius giurinus*	+	+	+			+	+	+
47	细斑吻虾虎鱼 *Rhinogobius delicatus*	+	+						
48	波氏吻虾虎鱼 *Rhinogobius cliffordpopei*		+			+			
49	李氏吻虾虎鱼 *Rhinogobius leavelli*	+	+	+		+	+	+	+
50	鲈形目未定种			+					

注：+表示该种类仔鱼当月有出现